"十四五"职业教育国家规划教材

"十三五"职业教育国家规划教材

制冷与空调技术专业教学资源库建设项目系列教材

流体力学及流体机械

主　编　余华明

副主编　吴治将

参　编　李东洺　陈妙阳

主　审　陈　礼

机 械 工 业 出 版 社

本书是基于国家级职业教育专业教学资源库建设项目——制冷与空调技术专业教学资源库开发的纸数一体化教材。该项目由顺德职业技术学院和黄冈职业技术学院牵头建设，集合了国内20余家职业院校和几十家制冷企业，旨在为国内制冷与空调技术专业教育建设最优质的教学资源。

本书针对制冷与空调技术专业职业教育的特点，以培养学生对流体机械的使用、选型和技术改造能力为目的，将流体力学和流体机械的经典内容及最新成果优化组合而成。本书分为四个项目，包括中央空调冷却水系统的设计与施工、中央空调冷冻水系统的设计与施工、中央空调风管系统的设计与施工、家用新风系统的设计与优化。通过这四个项目，学习者可以由易到难地掌握流体管路系统的规划设计与流体机械的选型和施工方法。

本书可作为职业院校制冷与空调技术专业的教材，也可作为相关专业的技术人员及广大社会从业人员的业务参考书及岗位培训教材。

本书通过二维码技术提供了丰富的教学素材。为便于教学，本书配套有课程标准、电子教案、助教课件、电子图片、教学视频、微课、动画、习题库及答案等教学资源，选择本书作为教材的教师可登录 zl.sdpt.edu.cn 网站，注册并使用。

图书在版编目（CIP）数据

流体力学及流体机械/余华明主编. —北京：机械工业出版社，2017.12（2025.2重印）

制冷与空调技术专业教学资源库建设项目系列教材

ISBN 978-7-111-57530-6

Ⅰ.①流… Ⅱ.①余… Ⅲ.①流体力学-职业教育-教材②流体机械-职业教育-教材 Ⅳ.①O35②TH3

中国版本图书馆 CIP 数据核字（2017）第180190号

机械工业出版社（北京市百万庄大街22号 邮政编码100037）
策划编辑：王佳玮 责任编辑：王佳玮 王海霞 责任校对：潘 蕊
封面设计：张 静 责任印制：常天培
固安县铭成印刷有限公司印刷
2025年2月第1版第6次印刷
184mm×260mm · 8.75印张 · 204千字
标准书号：ISBN 978-7-111-57530-6
定价：29.80元

电话服务 网络服务
客服电话：010-88361066 机 工 官 网：www.cmpbook.com
010-88379833 机 工 官 博：weibo.com/cmp1952
010-68326294 金 书 网：www.golden-book.com
封底无防伪标均为盗版 机工教育服务网：www.cmpedu.com

关于“十四五”职业教育
国家规划教材的出版说明

为贯彻落实《中共中央关于认真学习宣传贯彻党的二十大精神的决定》《习近平新时代中国特色社会主义思想进课程教材指南》《职业院校教材管理办法》等文件精神，机械工业出版社与教材编写团队一道，认真执行思政内容进教材、进课堂、进头脑要求，尊重教育规律，遵循学科特点，对教材内容进行了更新，着力落实以下要求：

1. 提升教材铸魂育人功能，培育、践行社会主义核心价值观，教育引导学生树立共产主义远大理想和中国特色社会主义共同理想，坚定“四个自信”，厚植爱国主义情怀，把爱国情、强国志、报国行自觉融入建设社会主义现代化强国、实现中华民族伟大复兴的奋斗之中。同时，弘扬中华优秀传统文化，深入开展宪法法治教育。

2. 注重科学思维方法训练和科学伦理教育，培养学生探索未知、追求真理、勇攀科学高峰的责任感和使命感；强化学生工程伦理教育，培养学生精益求精的大国工匠精神，激发学生科技报国的家国情怀和使命担当。加快构建中国特色哲学社会科学学科体系、学术体系、话语体系。帮助学生了解相关专业和行业领域的国家战略、法律法规和相关政策，引导学生深入社会实践、关注现实问题，培育学生经世济民、诚信服务、德法兼修的职业素养。

3. 教育引导学生深刻理解并自觉实践各行业的职业精神、职业规范，增强职业责任感，培养遵纪守法、爱岗敬业、无私奉献、诚实守信、公道办事、开拓创新的职业品格和行为习惯。

在此基础上，及时更新教材知识内容，体现产业发展的新技术、新工艺、新规范、新标准。加强教材数字化建设，丰富配套资源，形成可听、可视、可练、可互动的融媒体教材。

教材建设需要各方的共同努力，也欢迎相关教材使用院校的师生及时反馈意见和建议，我们将认真组织力量进行研究，在后续重印及再版时吸纳改进，不断推动高质量教材出版。

机械工业出版社

前 言

本书是基于国家级职业教育专业教学资源库建设项目——制冷与空调技术专业教学资源库开发的纸数一体化教材。该项目由顺德职业技术学院和黄冈职业技术学院牵头建设，集合了国内20余家职业院校和几十家制冷企业，旨在为国内制冷与空调技术专业教育建设最优质的教学资源。

在制作优质教学素材资源的基础上，本项目构建了12门制冷专业核心课程，本书就是基于素材和课程建设，以纸质和网络数字化多种方式呈现的一体化教材。纸质版教材和网络课程及数字化教材配合使用：纸质版教材更多是对课程大纲和主要内容的条理化呈现和说明，更多详细内容以二维码的方式指向网络课程相关内容；网络课程的结构和内容与纸质版教材保持一致，但内容更为丰富、素材呈现形式更为多样，更多地以动画、视频等动态资源辅助完成对教材内容的介绍；数字化教材则以电子书的方式将网络课程内容和纸质教材内容进行了整合，真正做到了文字、动画、视频，以及其他网络资源的优化组合。

党的二十大报告指出，“推进教育数字化，建设全民终身学习的学习型社会、学习型大国。”为响应二十大精神，本书制作了动画、视频等数字资源，并建设了在线课程。本书内容包括传统流体力学的经典理论，以及流体力学在制冷与空调技术专业中的工程应用。通过对本书的学习，学生可以掌握流体的物性参数表达、流体的阻力计算、管路设计，以及流体机械的选配施工等内容和技能，初步具备流体工程设计与施工的能力。本书重点强调培养学生对流体力学基本理论的工程应用能力，编写过程中力求体现以下的特色。

1. 执行新标准

本书依据最新教学标准和课程大纲要求编写而成，结合当前我国制冷与空调技术专业的发展及行业对高职高专人才的实际要求，对接职业标准和岗位需求，以《国家职业技能鉴定标准》制冷工等典型岗位工种的职业技能标准为依据，以对学生的职业能力培养为核心，将流体力学和相关设备的经典内容和最新成果有机结合，力求贴近生产，强调实际、实用。

2. 体现新模式

本书编写模式创新，依托职业教育制冷专业国家教学资源库平台，借助现代信息技术，融合多种教学资源，并以数字化的形式呈现，利于教师和学生充分利用现代科技手段进行更加灵活的教与学，满足教育市场需求，提高教学、学习质量。同时，本书按照知识、能力、素质的内在联系安排模块内容，符合人的认知规律和学习特点。

3. 配套资源丰富

本项目配套数字课程网站，针对本书的有课程标准、电子教案、助教课件、电子图片、教学视频、微课、动画、题库及答案等多形态、多用途、多层次的丰富的教学资源，信息量大，适用面宽，供访问者学习和使用。

4. 职业教育特色鲜明

本书以职业教育为理念进行资源开发，兼顾学生终生发展和职业岗位迁移能力的培养，力求充分体现现代制冷技术的知识内涵，符合高职教学改革方向，较好地体现了实用、实际、实践的“三实”原则。

5. 专业学习与思政素养培养结合

本书不仅介绍了流体工程设计、施工和运维中的一些基础性知识点和技能点，引导学生在从简单到复杂的工程问题解决中构建起对流体力学基础理论和应用的认知，同时也在各个项目中穿插介绍了中国在流体力学、流体机械和流体工程方面的伟大成就，润物细无声地引导学习者如何在学习和工作中落实劳模精神、创新意识和团队协作。

本书在内容处理上主要有以下几点说明：①本书以工作任务的形式进行内容编排，并安排一系列能力训练任务，有利于增强学生对职业岗位的认识，缩短专业知识和工程实践之间的距离；②本书继承了国内教材内容结构清晰、表述精练的传统，图文并茂，易于读者认知；③本书借助现代信息技术，配套了数字课程网站，同时在书中主要知识点和技能点旁边插入了二维码资源标志，可通过网络途径观看相应的动画、微课、视频等，不仅可以帮助学生更好地理解和掌握知识和技能，而且增强了学生的学习兴趣，可提升其自主学习的能力；④本书建议学时为 58 学时（有条件进行实际工程施工的学校可适当增加学时）。

本书由顺德职业技术学院余华明担任主编，陈礼教授任主审。全书共四个项目，具体编写分工如下：顺德职业技术学院的余华明编写绪论、项目一和项目二；顺德职业技术学院的吴治将、李东洺和广东产品质量监督检验研究院的陈妙阳编写项目三和项目四。

本书结合专业教学资源库使用了全新的呈现形式，使教学更加多元化，与互联网结合紧密，这是一种新的尝试，但书中不妥之处在所难免，恳请读者批评指正。

编　者

职业教育制冷与空调技术专业教学资源库
学习平台使用说明

学习平台网址

1. 学习平台功能简介

学习平台是一个支持课前、课中、课后学习的开放的、可扩展的在线学习平台，主要提供以下功能：

1）支持课程建设者设计、开发和交付高质量的课程，根据教学目标灵活地进行课程设计，包括大纲、学习内容、作业测验、任务等。

2）支持学习者个性化的学习体验，学习者可自定义学习路径，自我控制学习进度。

3）辅助课堂教学分组任务、随堂测验、互动交流、笔记分享等。

4）支持教师对学生自主学习的过程和结果进行控制，以及对任务实施的过程与结果进行控制。

5）支持对学习者成绩和学习行为的统计分析，提供有针对性的学习指导。

如何进入学习平台？

方式 1. http://zl.sdpt.edu.cn/单击页面右上角“学习平台入口”进入。

方式 2. 学习平台网址：http://218.13.33.159:8000/lms/。

微知库App

2. 微知库 App 使用简介

手机扫码下载安装微知库 App，或在手机应用商场里搜寻“微知库”下载安装。

1）注册登录。使用手机号简易注册和登录。若要用同一手机号登录 PC 端，则需要完善注册内容。

2）首页选择专业。单击选择“制冷与空调技术”专业入口进入。

3）选课。在“选课中心”处单击，以关键词搜索需要的课程，报名学习课程。

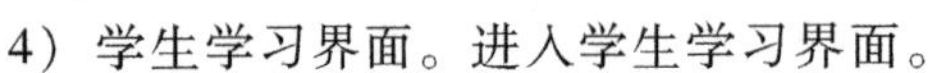

4）学生学习界面。进入学生学习界面。

学习：学生单击教学内容自行学习。

笔记：学生发表学习笔记。

测验：学生完成教师在 PC 端布置的作业（手机端适合完成选择判断题等客观题）。

任务：学生接收教师的实训任务，并以图片、视频、音频等方式提交作业。

论坛：学生讨论，反馈教师的问卷调查等。

目 录

绪　论

学习目标

1. 掌握流体力学和流体机械的概念。
2. 了解课程性质、任务、教学方法等。

1. 流体力学和流体机械的概念

现代社会中空调的应用已十分普遍，宾馆、影剧院等大型楼宇一般采用中央空调系统，夏天对室内供冷，冬天对室内供热，以实现对空气的调节。中央空调系统由空调机组、管道系统和用户终端等组成。机组进行制冷循环时可以生产冷风或冷冻水，进行热泵循环时则生产热风或热水。空气和水都称为**工作介质，简称工质**。管道系统则把工质送到用户终端，以实现制冷或供热。工质在系统中周而复始地循环，实现了连续的能量传递。工质的流动性能是实现能量传递的先决条件。工质一般只能选择液体和气体。

液体和气体统称为流体。

流体区别于固体的显著特点是其具有流动性。流体受到力的作用就会流动。基于这个特点，制冷、供热、动力、化工等工程都以流体为工质，让流体在流动中实现连续的能量传递。而在空调机组中，还利用制冷工质（制冷剂）实现能量的转换。

空气调节只是一个简单的实例。在动力工程中，水在锅炉中蒸发为蒸汽，经过热器加热达到过热蒸汽状态后送到蒸汽轮机中膨胀做功，推动发电机发电。蒸汽在冷凝器中被冷却为水，再由给水泵送回锅炉开始新一轮的循环。工质在循环中实现了连续的能量传递和转换。这里的工质包括了液体和蒸汽。

工质是能量的载体，工质通常又在系统管道中流动。在设计管道系统时，无疑要确定管道的形状、大小和长度，以及管道的布置。确定这些因素的前提是要了解和熟悉流体的物理性质和流体流动的动力特征，并能利用流体流动的能量守恒关系计算速度、压力和流动阻力。这些是本书流体力学部分要研究的内容。

流体力学是研究流体运动规律，并运用这些规律解决工程实际问题的学科。

在以流体为工质的系统中，常常需要通过管道把流体输送一定的距离和高度，这就需要使用输送流体的机械，以增加流体的能量。

输送流体的机械和利用流体能量做功的机械统称为流体机械。泵与风机等是输送流体的机械，属于流体机械的范畴。泵与风机将从电动机获得的电能转变为机械能，再传递给流体，以增加流体的机械能，使之能够到达一定的距离和高度，或者克服一定的阻力流过传递能量的装置，例如，发电厂中的冷凝器、空调机组中的蒸发器等。

事实上，制冷空调、通风、化工等领域涉及的流体机械都为输送流体的机械，故在后文若无特别说明，所指的流体机械都为输送流体的机械。

在设计空气调节、动力、化工及其他流体输送系统时，需要恰当地选用流体机械，这就不仅要求掌握流体力学方面的知识，也需要了解和熟悉泵与风机的分类、结构、工作原理、性能参数、特性曲线、在管道系统中的实际工作点，以及必要的选型计算等知识。

2. 课程的性质、任务和教学方法

（1）课程的性质　制冷与空调技术专业旨在培养满足制冷产业链岗位需求的技术技能人才。专业核心课程体系简图如图 0-1 所示。从图中可以看到，作为一门专业基础和技术相结合的课程，流体力学及流体机械是制冷与空调技术专业的核心科目，也是工程设计施工管理领域的基础科目，非常重要。

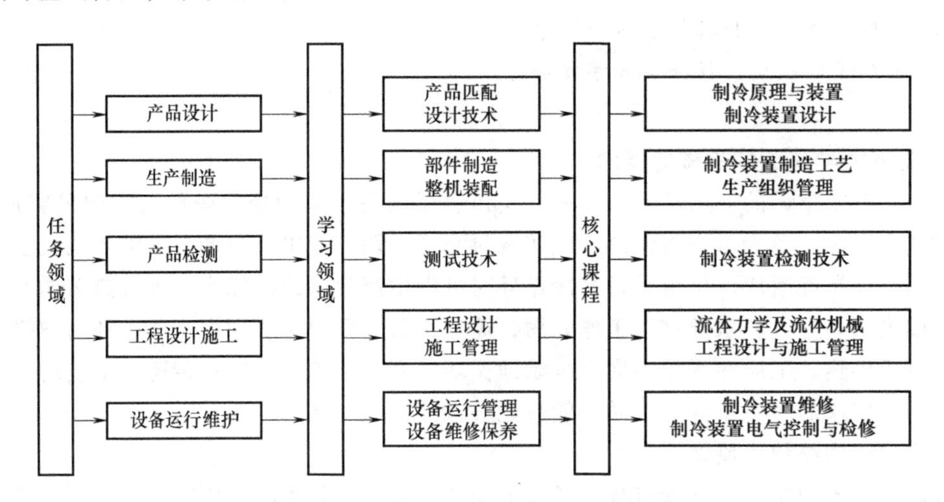

图 0-1　制冷与空调技术专业核心课程体系简图

（2）课程的任务　通过企业调研，可以归纳总结出学生在各类企业中需要承担的流体相关的工作和需要掌握的知识和技能，学生在企业完成的与课程相关的工作主要包括：

1）管路系统的设计、施工和故障排除。

2）流体机械（泵、风机、压缩机）的选配、安装、调试和维修保养。

3）流体机械的优化设计（性能优化、降噪控制）。

因此，可以根据这些实际的工作需要，并结合相关的考级考证要求，将课程内容整合成几个中心项目：

项目一　中央空调冷却水系统的设计与施工

项目二　中央空调冷冻水系统的设计与施工

项目三　中央空调风管系统的设计与施工

项目四　家用新风系统的设计与优化

这四个项目都是企业活动中的经典工作任务，也是教师在科研和工程项目中经常接触到的内容。

项目一来源于简易供排水系统的设计与安装工程，这类系统管路简单，一般只需要计算流量和简单阻力，依据计算所进行的管路结构、材料和尺寸的确定也比较简单。类似的工程除了中央空调的冷却水系统外，还包括中央热泵热水器的水路系统、高层建筑二次供水系统等。

项目二来源于比较复杂的水管系统设计与安装工程，这类系统管路比较复杂，不但有长管系统，还有管路配件多样的短管系统，且管路通常以复杂的串联和并联方式工作。因此，其设计和施工中涉及的流体力学知识就比较复杂，对流体机械的选配和使用也需要掌握更多的技巧。这类工程除了中央空调冷冻水系统外，还有很多建筑物的消防水管等。

项目三来源于中央空调系统的风管系统设计与施工项目，这类工程在通风工程中比较常见。

项目四来源于目前发展势头迅猛的家居空气环境改造工程。由于空气环境的恶化，很多家庭在考虑住宅楼新风系统的配置，而对于家居流体系统，需要更多地考虑噪声、风压等影响人们舒适度的指标。

这四个项目的教学目标各有侧重，项目一旨在通过简易的管路设计与施工工程，让学生了解流体项目的一般步骤、方法和思路；项目二和项目三则在难度上有所增加，更多地融入了流体力学的内容，旨在解决设计计算中的技术问题；项目四则强调培养学生优化工程运行参数的能力。四个项目由易到难，层层递进，符合学生的认知规律；流体力学的相关理论和知识分解融合于各个项目中，虽有分散，但仍成体系，能充分满足学生未来的工作岗位需要。

这四个项目的授课安排、重点和要求见表 0-1。

表 0-1　各项目授课安排、重点和要求

授课内容	学时	重点	要求
前言和绪论	2	了解课程的目的、意义、内容等 初步认识流体力学 初步认识流体机械	★★★
项目一　中央空调冷却水系统的设计与施工	12	认识水的物理参数 管路流量和尺寸、材料的确定 水泵的选型 水泵的安装、运行和故障分析及排除	★★★★★
项目二　中央空调冷冻水系统的设计与施工	16	复杂管路的阻力计算 水泵的安装与调整 复杂管路的配置、故障分析及排除	★★★★★
项目三　中央空调风管系统的设计与施工	16	空气的物理和力学参数的确定 空气管路系统计算 风机的选配 风机的安装和调试 风管系统故障分析和排除	★★★★★
项目四　家用新风系统的设计与优化	12	管路系统的压力和流量控制 管路系统的噪声控制	★★★

注：星级代表重要程度和要求，五星级代表非常重要和必须掌握，二星及二星以下为选做内容，可以根据自身的实验实训条件选做或者不做。

（3）课程教学方法建议　课堂教学应尽量依托职业教育制冷与空调技术专业国家教学

资源库平台，充分利用数字化资源，优化教学设计，通过课前准备和咨询、课堂学习、互动交流等教学环节，激发学生自主利用数字化资源收集信息、学习巩固，从而发现问题、分析问题和解决问题。通过对数字化资源的使用，使课堂变为教师与学生之间、学生与学生之间互动的场所，激发学生的学习热情，提升学生自主学习的能力，将课堂教学推向更高的层次。借助资源库平台，构建一个课程评价标准与职业标准相结合、过程性评价与结果性评价相结合、定量评价与定性评价相结合的课程评价模式，充分调动教与学的积极性，提高技能型、应用型人才的培养质量。

同时，要尽量结合实际工程来开展学习。教师应尽量让学生参与到实际的工程设计与施工中去，在工作中发现问题和解决问题，在实际环境中培养严谨的工作作风和吃苦耐劳的精神。

素养提升

四个学会

联合国教科文组织把大学生的主要任务界定为“四个学会”：学会做事（learn to do）、学会做人（learn to be）、学会与人相处（learn to be with others）、学会学习（learn to how to learn）。

1）学会做事。学会做事是指用一种善始善终的态度认真地对待和处理各种事务，坚持不懈并力求完善。很多学生做事只注重其中的某些有趣的环节，而不太注意那些需要默默无闻地工作的环节，殊不知这样是做不好事情的。

2）学会做人。学会做人是指建构符合道德的价值体系，并承担个体的社会责任，热爱生命并感激生活的给予。除关注自己之外，还有对亲情和友情的看重。与亲朋好友之间的密切联系，对父母的关心和体贴，并承担应尽的义务，是“做人”本来的含义。

3）学会与人相处。为了更好地发挥自己的潜能，人们需要得到周围环境的支持和帮助，至少应避免受到别人有意的阻挠。而良好的人际关系是营造个人工作和生活环境的必要前提。即使彼此不能成为朋友，也应保持相互尊重的关系。

4）学会学习。学会学习是当今时代的总体要求，也是大学学习的目标之一。大量的知识需要在实际工作中不断学习和掌握，因此，大学中对知识的掌握只是学习的一部分，更重要的是学会学习的方法。学会如何学习不仅是大学学习的目标，也是未来胜任工作的关键。

项目一

中央空调冷却水系统的设计与施工

图 1-1 所示为某 5 层商场用中央空调的冷却水系统，它是制冷与空调工程中最为典型的简易给排水工程。管路为单流路，阻力计算简单；动力泵的选配和安装也比较简单；系统为开放式，所以不需要考虑额外的压力平衡装置（如膨胀水箱）。所以，该系统的设计和施工可以作为制冷空调类工程的入门项目。

此中央空调机组部分（包括压缩机、换热器、水泵）设在大楼的底层，方便承重；冷却水塔设在楼顶，避免造成顾客用水污染。本项目中各任务的任务实施主要围绕图 1-1 所示的管路展开，主要数据如下：冷却塔布置在楼顶，与水泵的垂直高度为 20m；管路系统中的水流量为 2000L/min。要求如下：

1）通过计算确定水系统中的最高压力值，并根据此压力及其他相关因素确定合适的管路结构、材料和配件。

2）为管路系统选择合适的水泵。

3）按照设计和规范进行管路施工，水泵安装、运行和调试。

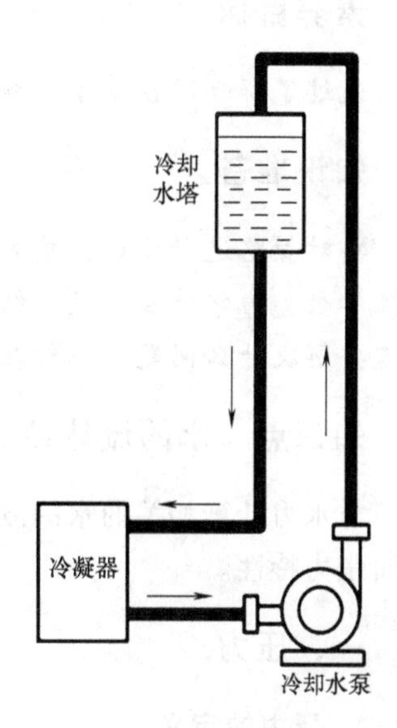

图 1-1　中央空调冷却水系统结构示意图

学习目标

1. 掌握水路系统中水的流体参数（如压力、密度、流速、流动黏度、热胀性等）的计算方法。
2. 掌握管路结构、材料的选择和尺寸计算方法。
3. 掌握水泵的选型方法。
4. 会对选定的水泵进行安装、运行和调试操作。
5. 通过团队合作完成简单项目，初步建立起团队合作意识和项目管理意识。

任务 1　水的流体参数确定

任务描述

要完成如图 1-1 所示水系统的设计与施工，首先需要对管路中流体的流动特性进行了解和计算。本任务要求通过收集资料和计算，确定如图 1-1 所示管路系统中水的流体参数值，包括密度、黏度等。

知识目标

1. 理解水的不同流体参数（如密度、比体积等）的含义。
2. 掌握水的不同流体参数的计算方法。

技能目标

掌握利用各种信息化手段收集地方水文、气象资料的能力。

素养目标

通过了解我国在流体工程和力学研究上的伟大成就建立起民族自信。

知识准备

要对管路进行设计，首先要了解管路中的流体特性。流体的特性参数有很多，包括物理特性参数、力学特性参数、结构特性参数、燃烧特性参数等。这些参数的选择和使用主要在于需要解决什么问题。一般在流体力学中，主要用到的是物理特性参数和力学特性参数。

知识点　水的流体参数简介

与水力计算相关的水的流体参数包括压力、密度、比体积、压缩性、热胀性、黏滞性及表面张力特性。

一、压力

1. 压力的定义

流体垂直作用于单位面积上的力称为流体的静压力，简称压力，记为 p，单位为 Pa（帕斯卡，简称帕），其表达式为

$$p=\frac{F}{A} \tag{1-1}$$

式中　F——流体对物体表面的垂直作用力，N；

　　A——受力面积，m^2。

国际单位制中，压力的单位为 Pa，$1Pa=1N/m^2$。由于 Pa 单位很小，有时使用 MPa（兆帕）、kPa（千帕），且

$$1MPa=10^6Pa$$

$$1kPa=10^3Pa$$

由于历史原因，流体力学中往往把压强称为压力，比如静压强、动压强、绝对压强、相对压强习惯上称为静压力、动压力、绝对压力、相对压力等。本书后续所述的绝大多数压力其实都是压强，后续不再解释。读者若难以区分压力或压强，可留意单位，若以牛（N）为单位则为标准意义的压力，若以 Pa 等为单位则为压强。工程上有时会用到其他单位制的压力（压强）单位，如 bar（巴），atm（标准大气压）、at（工程大气压）、mmH_2O 和 mmHg

等，其换算关系为

$$1\text{bar}=10^5\text{Pa}=0.1\text{MPa}$$

$$1\text{atm}=1.0133\times10^5\text{Pa}$$

$$1\text{at}=0.981\times10^5\text{Pa}$$

$$1\text{mmH}_2\text{O}=9.81\text{Pa}$$

$$1\text{mmHg}=133.3\text{Pa}$$

2. 压力流体的性质

流体具有两个重要的特性：

1）流体静压力的方向总是与作用面垂直，并指向作用面。

2）静止流体内部任意点处的流体静压力在各方向上是相等的。

以上特性适用于流体内部，以及流体与固体的接触表面。无论容器壁面的方向和形状如何，流体的静压力总是垂直于壁面。根据第二个特性，测量流体中某一点的静压力时，不必考虑方向，只要在确定的位置上进行测量即可。

3. 绝对压力、表压力和真空度

压力要用压力计测量，而压力计本身处于大气环境中，因而压力计测得的压力只是工质压力与当地大气压力的差值。其实质是当地大气压力的相对值，而不是工质的真实压力。**工质的真实压力称为绝对压力**，用 p 表示。当绝对压力高于大气压力 p_b时，压力表测出的压力是流体压力高出大气压力的部分，称为**表压力**，记为 p_e，于是

$$p=p_b+p_e \tag{1-2}$$

当工质的绝对压力低于大气压力 p_b 时，压力表测得的压力是流体压力低于大气压力的部分，称为**真空度**，记为 p_v，于是

$$p=p_b-p_v \tag{1-3}$$

工程计算中，当流体压力较高时，为简便起见，常把大气压 p_b 近似取为 0.1MPa 。但在流体压力较低，特别是低于大气压力时，这种近似会引起较大的误差。

二、密度和比体积

1. 密度

流体的密度是指单位体积流体的质量，记为 ρ，单位为 kg/m^3，其表达式为

$$\rho=\frac{m}{V} \tag{1-4}$$

式中 m——流体的质量，kg；

V——流体的体积，m^3。

流体的密度随流体种类、温度、压力而变化。

定义密度之后，单位体积流体的重量则可以方便地表示为 ρg。

2. 比体积

流体的比体积是指单位质量的流体所占有的体积，记为 υ，单位为 m^3/kg，其表达式为

$$\upsilon=\frac{V}{m} \tag{1-5}$$

显然，流体的比体积与密度互为倒数。

$$v=\frac{1}{\rho} \tag{1-6}$$

理想气体的比体积可利用状态方程计算，实际气体和液体的比体积可在相关资料中查出。

三、压缩性和热胀性

流体受压时体积缩小、密度增大的性质，称为流体的压缩性。流体受热时体积膨胀、密度减小的性质，称为流体的热胀性。

1. 液体的压缩性

液体的压缩系数定义为：每增加单位压力时，液体体积或密度的相对变化率，记为 β，单位为 m^2/N。其表达式为

$$\beta=\frac{1}{\rho}\frac{\Delta\rho}{\Delta p} \tag{1-7}$$

$$\beta=-\frac{1}{V}\frac{\Delta V}{\Delta p} \tag{1-8}$$

式中　ρ——液体原密度，kg/m^3；

$\Delta\rho$——液体密度变化量，kg/m^3；

Δp——作用在液体上的压力增加量，Pa；

V——液体原体积，m^3；

ΔV——液体体积变化率，m^3。

当 Δp 为正时，ΔV 必然为负。换言之，压力与体积的变化方向刚好相反，即压力增大时，体积缩小。式（1-8）中，负号的作用是使 β 保持为一正值。压缩系数 β 越大，则液体的压缩性越大。

β 的倒数称为弹性模量，记为 E

$$E=\frac{1}{\beta}=\rho\frac{\Delta p}{\Delta\rho}=-V\frac{\Delta p}{\Delta V} \tag{1-9}$$

E 的单位为 N/m^2。

表 1-1 中列举了 0℃的水在不同压力下的压缩系数。

表 1-1　水在 0℃时的压缩系数

压力/kPa	490	981	1961	3923	7845
$\beta/(m^2/N)$	0.538×10^{-9}	0.536×10^{-9}	0.531×10^{-9}	0.528×10^{-9}	0.515×10^{-9}

2. 液体的热胀性

液体的热胀性用热胀系数 α 表示，它表示温度增加 1K 时，液体密度或体积的相对变化率，其表达式为

$$\alpha=-\frac{1}{\rho}\frac{\Delta\rho}{\Delta T} \tag{1-10}$$

$$\alpha=\frac{1}{V}\frac{\Delta V}{\Delta T} \tag{1-11}$$

由于密度与温度的变化方向也正好相反，式（1-10）中加一负号，以使 α 始终为正值。α 的单位为 1/K。

由此可知，流体的热胀性和压缩性不仅与压力有关，而且受到温度的影响。表 1-2 中列举了水在一个大气压下的密度随温度的变化值。

表 1-2　水在一个大气压下的密度随温度的变化值

温度/℃	密度/(kg/m³)	温度/℃	密度/(kg/m³)
0	999.9	50	988.1
5	1000.0	60	983.2
10	999.7	70	977.8
20	998.2	80	971.8
30	995.7	90	965.3
40	992.2	100	958.4

表 1-2 表明，当温度超过 5℃之后，密度随温度的增加而减小，但减小的比例很小。在温度较低时（10~20℃），温度每增加 1℃，水的密度约减小 1.5×10^{-4}；在温度较高时（90~100℃），温度每增加 1℃，水的密度减小只有 7‰。密度的减小意味着比体积的增大，因此，随着温度的升高，水的体积发生膨胀，但膨胀的比例很小，一般情况下可以忽略不计。在特殊情况下，如热水采暖等工程中，必须考虑水的热胀性。此时系统中水的总体积很大，温度升高时导致的水的热胀量是系统管路所不能容纳的。这就需要在热水循环系统的最高位置设置膨胀水箱，以适应水温变化所引起的水体积变化，同时也便于给系统供水、补充水。

如果该系统除了冬天供暖外，在夏天又利用冷冻水制冷，则热水与冷冻水的温差更大，水体积的变化也会更大。此时，膨胀水箱的容积一般为系统水容量的 3%~4%。

四、黏度

不同的流体，其黏稠程度存在差异，以酒精、水和油为例，油最为黏稠。黏稠的流体流动缓慢，阻止流动的趋势较大。黏稠程度是流体黏滞性的直观表现。由于流体总存在黏滞性，流体在管内流动时，靠近管壁处流体粘附在管壁上，流速为零；管轴心处的流体受管壁的影响最小，速度最高。从管壁到轴心，流体速度逐渐增加，形成抛物线形的速度分布，如图 1-2 所示。流速不等的流体形成了不同的流层，流层间因速度不等自然存在相对运动和内部摩擦力，而摩擦力又会阻碍流体的相对运动。

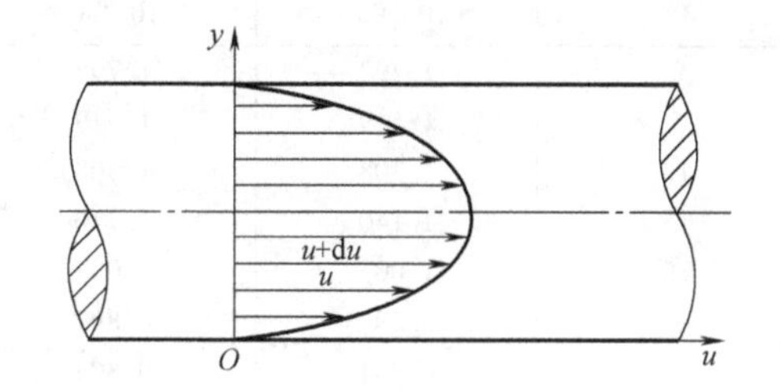

图 1-2　流层间的速度差异

流体的这种阻碍流层间相对运动的性质称为黏滞性。

内摩擦力又称为黏滞力或切力。由于黏滞性，流层间产生了相对运动和摩擦，并进而阻碍相对运动，力图使流层间的速度趋于一致。因此，黏滞性表现为阻碍相对运动的能力。

根据牛顿内摩擦定律，内摩擦力与垂直于速度方向的速度梯度、流层间的接触面积 A 成正比，其表达式为

$$T=\eta A\frac{du}{dy} \qquad (1\text{-}12)$$

流层间的速度差异动画演示

T、u 和$\frac{du}{dy}$都具有方向性，u 的方向与流动方向相同，T 的方向和流动方向相反，$\frac{du}{dy}$的方向则与 u 的方向垂直。单位面积上承受的内摩擦力或切力又称为切应力，记为 τ，单位为 N/m^2，其表达式为

$$\tau=\frac{T}{A}=\eta\frac{du}{dy} \tag{1-13}$$

式中 T——切力，N；

τ——切应力，N/m^2；

A——流层间的接触面积，m^2；

$\frac{du}{dy}$——垂直于速度方向的速度梯度，1/s；

η——黏度，流体黏滞性的度量，Pa·s（$N\cdot s/m^2$）。

式（1-13）中，当$\frac{du}{dy}=1$时，$\tau=\eta$。因此，η 表示单位速度梯度作用下的切应力。η 值越大，则黏滞性越强。η 又称为动力黏度，反映黏滞性的动力性质。

流体力学中常常用到 η 与 ρ 的比值，称其为运动黏度，记为 ν，单位是 m^2/s，即

$$\nu=\frac{\eta}{\rho} \tag{1-14}$$

不同的流体有不同的黏度，流体的黏度经试验测定，也可以在相关资料中查到。同一种流体的黏度随温度而改变，但温度变化对液体和气体的影响刚好相反。温度升高时，液体的黏滞性减小，而气体的黏滞性增大。水在一个大气压（98.07kPa）下的黏度参见表 1-3。

表 1-3 水在一个大气压下的黏度

t/℃	$\eta/(10^{-3}Pa\cdot s)$	$\nu/(10^{-6}m^2/s)$	t/℃	$\eta/(10^{-3}Pa\cdot s)$	$\nu/(10^{-6}m^2/s)$
0	1.792	1.792	40	0.656	0.661
5	1.519	1.519	45	0.599	0.605
10	1.308	1.308	50	0.549	0.556
15	1.140	1.140	60	0.469	0.477
20	1.005	1.007	70	0.406	0.415
25	0.894	0.897	80	0.357	0.367
30	0.801	0.804	90	0.317	0.328
35	0.723	0.727	100	0.284	0.296

五、表面张力

流体分子间存在着相互吸引力，液体内部的每一个分子都受到周围其他分子的吸引，且因各方向的吸引力相等而处于平衡状态。但在自由液面附近的情况却不相同。对于靠近液体与气体交界面，又称为自由液面附近的液体分子，来自液体内部的吸引力大于来自气体分子的吸引力。力的不平衡对界面液体表面造成微小的作用，将液体表层的分子拉向液体内部，使液面有收缩到最小的趋势。**这种因吸引力不平衡所造成的，作用在自由液面上的力称为表面张力**。表面张力不仅在液体与气体接触的界面上发生，还会在液体与固体（如水银和玻璃），或两种不渗混的液体（如水银和水等）的接触面上发生。

气体不存在表面张力，气体因其分子的扩散作用而不存在自由界面。**表面张力是液体的特有性质。**

表面张力的大小可用表面张力系数来表示。**表面张力系数是指液体自由表面与其他介质相交曲线上单位线性长度所承受的作用力，记为σ，单位为N/m。**液体自由表面与其他介质的交线，在液体与固体接触时最为明显。试管中自由液面与试管壁接触的周长即为相交曲线，其长度为$2\pi r$（r为试管的半径）。整个自由液面所承受的表面张力则为$2\pi r\sigma$。表面张力系数与液体的种类和温度有关，可由试验测定，也可在相关资料中查出。表1-4中列出了部分液体的表面张力系数。

表1-4　部分液体的表面张力系数

种类	相接触介质	温度/℃	σ/(N/m)	种类	相接触介质	温度/℃	σ/(N/m)
水	空气	0	0.0756	定子油	空气	20	0.0317
水	空气	20	0.0728	甘油	空气	20	0.0223
水	空气	60	0.0662	四氯化碳	空气	20	0.0268
水	空气	100	0.0589	橄榄油	空气	20	0.032
苯	空气	20	0.0289	氧	空气	-193	0.0157
肥皂液	空气	20	0.025	氖	空气	-247	0.0052
水银	空气	20	0.465	乙醚	空气	20	0.0168
水银	水	20	0.38	乙醚	水	20	0.0099

液体表面性质取决于液体内部分子间的吸引力和与相邻介质接触面的附着力的相对大小，也就是与表面张力有关。水滴落在洁净的玻璃板上，立即就蔓延开去，因为水滴内分子的吸引力小于水分子与玻璃的附着力，或者说水的表面张力较小。而水银滴落在玻璃上会紧缩成小球状在玻璃上滚动，这是因为水银分子间的吸引力比水银与玻璃的附着力大，即水银的表面张力较大。凡是液体内分子间吸引力大于液体与固体间附着力的，称该液体对此固体不湿润，该液体称为不湿润液体。相反，当液体分子间的吸引力小于液体与固体间的附着力时，称该液体对此固体湿润，该液体称为湿润液体。水对玻璃湿润，水是湿润液体；水银对玻璃不湿润，水银是不湿润液体。容器内盛装湿润液体时，贴近容器壁的液体表面向上弯曲，将细小的试管插入容器后，由于表面张力的牵引作用，管内液面上升。当容器内盛装不湿润液体时，贴近容器壁的液体表面向下弯曲，将细小的试管插入容器后，由于表面张力作用，管内液面下降。上述现象如图1-3所示。

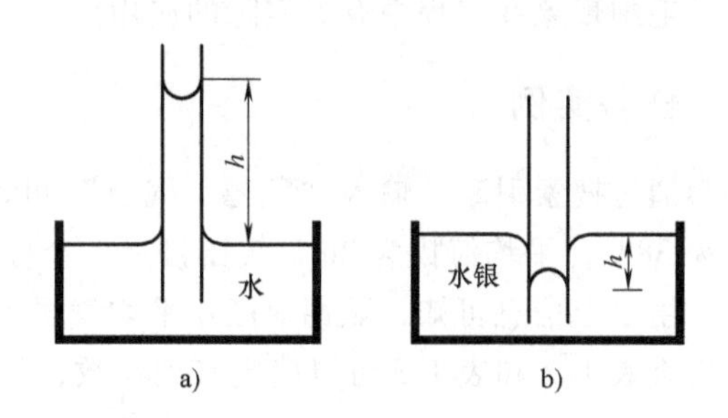

图1-3　水和水银的毛细管现象

力都有其方向性，表面张力也不例外。图1-3中湿润液体贴近管壁的液面向上弯曲，弯曲液面在图中表现为曲线，表面张力沿曲线的切线方向斜指向上。表面张力的作用是将细管中的液体提升一个高度。不湿润液体贴近管壁的液面向下弯曲，弯曲液面在图中表现为曲线，表面张力沿曲线的切线方向斜指向下。表面张力使细管中的液体下降了一个高度。

水和水银的毛细管现象动画演示

细管插入湿润液体或不湿润液体中，液体沿管壁上升或下降的现象都称为毛细管现象，所用的细管称为毛细管。毛细管现象是由表面张力造成的，通过简单的推导可以计算出毛细管中液体上升或下降的高度。水在毛细管中上升的高度为 h 时，液柱的重量为 $\pi r^2 h\rho g$，方向为垂直向下。液体表面张力为 $2\pi r\sigma$，方向沿曲线切线方向斜指向上。若切线与垂直线的夹角为 α，则表面张力在垂直方向的分量为 $2\pi r\sigma\cos\alpha$，方向为垂直向上。平衡时液柱重量与表面张力的垂直分量相等，由此可列出方程

$$\pi r^2 h\rho g = 2\pi r\sigma\cos\alpha$$

式中　r——毛细管直径，m；

ρ——水的密度，kg/m^3；

σ——水的表面张力系数，N/m；

α——液体曲面切线与管壁的夹角，称为湿润角或接触角。对于湿润液体（如水），$\alpha = 0° \sim 9°$；对于不湿润液体（如水银），$\alpha = 130° \sim 180°$。相对而言，不湿润液体的接触角要大出很多。

上式中解出 h 得

$$h = \frac{2\sigma}{r\rho g}\cos\alpha \tag{1-15}$$

式（1-15）表面液体上升的高度与表面张力成正比，与毛细管半径及液体密度成反比。细小的毛细管可使 h 增大。这种正反比关系的物理意义是显而易见的。

水银在毛细管中的下降高度仍可用式（1-15）进行计算。对于 20℃ 的水和水银，其在毛细管中上升和下降的高度分别是

$$h_{H_2O} = \frac{15}{r}$$

$$h_{Hg} = \frac{5.07}{r}$$

式中，h 和 r 均以 mm 计。可见，管径越小，则 h 越大。

毛细现象在工程中有着实际的应用。

任务实例

通过搜索引擎，输入“顺德　气象”可以查得顺德地区年平均温度为 25℃，年最高温度为 38℃，平均海拔为 2m，气压接近一个标准大气压。

由以上信息可知，顺德地区年平均气温为 25℃，可以近似认为水的平均温度也为 25℃。然后查表 1-2 和表 1-3 可以确定其他参数，见表 1-5 和表 1-6。

表 1-5　25℃时顺德地区水的物理特性参数

温度 t/℃	密度 ρ/(kg/m^3)	比体积 v/(m^3/kg)	动力黏度 η/(10^{-3}Pa·s)	运动黏度 υ/(10^{-6}m^2/s)
25	997.7	1.002	0.894	0.899

表 1-6　38℃时顺德地区水的物理特性参数

温度 t/℃	密度 ρ/(kg/m^3)	比体积 v/(m^3/kg)	动力黏度 η/(10^{-3}Pa·s)	运动黏度 υ/(10^{-6}m^2/s)
38	992.7	1.007	0.682	0.687

在设计中，一般采用平均温度条件下水的物理特性参数进行计算，因此，表 1-5 中所列数据将在后面任务中作为设计计算的基准。

任务实施

假设本项目位于上海，确定当地水的物理特性参数，并将其填入表 1-7。

表 1-7　上海地区水的物理特性参数

温度 t/℃	密度 ρ/(kg/m^3)	比体积 v/(m^3/kg)	动力黏度 η/(10^{-3}Pa·s)	运动黏度 ν/(10^{-6}m^2/s)

检测评分

将任务完成情况的检测评分填入表 1-8 中。

表 1-8　水的流体参数确定检测评分表

序号	检测项目	检测内容及要求	配分	学生自检	学生互检	教师检测	得分
1	职业素养	文明礼仪	5				
2		安全纪律	10				
3		行为习惯	5				
4		工作态度	5				
5		团队合作	5				
6	资料收集	利用信息化手段收集相关资料和标准的能力	20				
7	参数确定	密度和比体积	10				
8		黏度	15				
9		压缩性和热胀性	15				
10		表面张力	10				
综合评价			100				

任务反馈

在任务完成过程中，是否存在表 1-9 中所列的问题，了解其产生原因并提出修正措施。

表 1-9　水的流体参数确定的存在问题、产生原因及修正措施

存在问题	产生原因	修正措施
流体参数选择或计算不准	1. 对流体参数的概念理解不准	
	2. 对流体参数计算所需的基础数据收集有误	

作业习题

在微知库课程学习平台 PC 端完成相关作业习题，或者用微知库 App 扫描右侧二维码完成相关作业。

作业习题

任务拓展

除了水以外，所有液体的流动参数计算和确定方法都是一样的，可以尝试计算下列液体的流动参数：食用油、牛奶、水银……

任务2 管路材料和尺寸的确定

任务描述

了解管路中流体的基本特性和参数表达式，其最终目的是确定管路材料和尺寸，以确保管路材料符合压力要求、流速要求等。因此，本任务就是在前一任务中流体特性参数计算的基础上，对如图1-1所示管路系统进行压力和流速计算，以确定合适的管路材料和尺寸。当然，在选择管路材料的时候，还要适当了解不同用途对于管材的要求。

知识目标

1. 掌握不同类型管材的性能特点。
2. 掌握通过计算确定管道尺寸的方法。
3. 掌握各种管路配件的特性和使用方法。
4. 了解管路施工工艺标准和规范。

技能目标

1. 掌握管路材料的加工方法。
2. 掌握各种管路配件的正确安装方式和使用方法。

素养目标

通过信息化教学手段的应用，培养学生的数据处理和信息沟通思维。

知识准备

要确定管材，需要对市面上常见的几种管材，如PVC管、PPR管、铜管、镀锌管、铝塑管、PEXC管等，针对流行趋势、卫生要求、性价比等方面进行比较。管材的耐压性是一个关键因素，因此，需要计算管路中不同部位的压力值。而对于管径的选择，首先需要通过计算确定出初始管径，并依据初始管径从企业生产的系列产品中选择合适的产品。在确定管材和尺寸后，对管路的计量配件进行选择，并按照施工规范对管路进行施工。

知识点一 常用水管的种类

常用水管主要有PEXC管、镀锌管、PVC管、铝塑管、PPR管、铜管和不锈钢管等。详细介绍可通过微知库APP扫描右侧二维码自行学习。

水管材料介绍

1. PEXC管

PEXC管是由卫生等级最好的高密度聚乙烯经辐源辐照后，使分子结构从线性排列改变为三维立体网状结构，将热塑性塑料改变为热固性塑料，从而大大改善了管材的各项性能。它的使用温度达-70~110℃，工作压力为1.25MPa，50℃寿命为100年以上，95℃寿命为50年以上，压力寿命比是PPR管等热熔性管道的10倍以上。PEXC管全部为新料生产，不能有一粒回料，无任何化学添加剂，故其卫生性能得到了保证。

2. 镀锌管

老房子大部分使用的是镀锌管，从前煤气、暖气用的也是镀锌管。镀锌管作为水管使用几年后，管内会产生大量锈垢，流出的黄水不仅污染洁具，而且夹杂着不光滑内壁上滋生的细菌，锈蚀造成水中重金属含量过高，严重危害人体的健康。20世纪六七十年代，发达国家开始开发新型管材，并陆续禁用镀锌管。我国原建设部等四部委也发文明确从2000年起禁用镀锌管，目前新建小区的冷水管已经很少使用镀锌管了，有些小区的热水管使用的是镀锌管。

3. PVC管

PVC管实际上就是一种聚氯乙烯塑料管，接口处一般用胶粘接，其抗冻和耐热能力都不好，所以很难用做热水管，由于其强度不能适用于水管的承压要求，所以冷水管也很少使用PVC管。大部分情况下，PVC管适用于电线管道和排污管道。另外，近些年科技界发现，能使PVC变得更为柔软的化学添加剂酞，对人体内的肾、肝、睾丸影响很大，会导致癌症、肾损坏，破坏人体功能再造系统，影响人体发育。所以现已不推荐使用PVC管。PVC管的耐压有0.8MPa、1.0MPa、1.25MPa、1.6MPa几种规格。

4. 铝塑管

铝塑复合管（简称铝塑管）是市面上较为流行的一种管材，目前市场上比较有名的有日丰和金德等品牌，它的优点是质轻、耐用且施工方便，其可弯曲性更适合在家装中使用。其主要缺点是在用做热水管使用时，由于长期的热胀冷缩会造成管壁错位以致渗漏。在装修理念比较新的广东和上海，铝塑管已经渐渐地没有了市场。

5. PPR管

PPR管即三丙聚乙烯管，作为一种新型的水管材料，PPR管具有得天独厚的优势，它无毒、质轻、耐压、耐蚀，正在成为一种被推广的材料。PPR管不仅适用于冷水管道，也适用于热水管道，甚至可用做为纯净饮用水管道。PPR管的接口采用热熔技术，管子之间完全融合到了一起，所以一旦安装打压测试通过，便不会像铝塑管一样存在时间长了老化漏水的现象，而且PPR管内不会结垢，目前一些高档住宅和公寓普遍采用PPR管作为冷水管和热水管。因此，PPR管号称永不结垢、永不生锈、永不渗漏、绿色高级给水材料。PPR管最高耐压为1.6MPa。作为新型管材，PPR管的管路阻力系数还没有一个明确的试验数据，也没有完整的比摩阻图，计算时一般借用PVC管相关数据。

6. 铜管

铜管具有耐蚀、杀菌等优点，是水管中的上等品。铜管接口的方式有卡套和焊接两种，卡套与铝塑管一样，长时间使用存在老化漏水的问题，所以在上海等地，安装铜管的用户大部分采用焊接式，这样就能够像PPR管一样永不渗漏。铜管的一个缺点是导热快，所以知名的上海三净、宝洋等铜管厂家生产的热水管外面都覆有防止热量散发的塑料和发泡剂。铜管的另一个缺点是价格高，极少有小区的供水系统是铜管的，只有在外销公寓和高档别墅里才会看到。

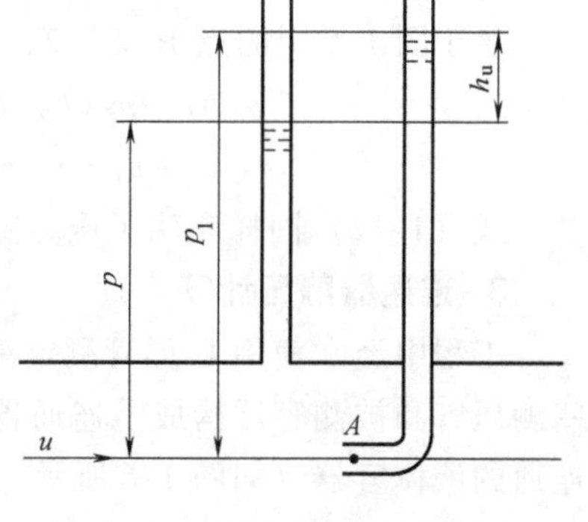

图1-4 流体的静压和动压

知识点二 管内流体静压力的计算方法

1. 压力分类

流体压力分为静压和动压两种。

如图 1-4 所示，有两条测压管，一条测压管的入口在水管管壁处，测取的压力低（高度 p 水柱高度折合压力），而测压管入口在水管中心点且迎向水流方向，此时测取的压力高（高度 p_1 水柱高度折合压力）。在管壁处水流速度微小，水柱高度受流速影响很小，此时测取的压力称为“静压”；而在中心处水流速度大，且由于入口迎向水流，因此水流速度对水柱高度产生影响，此时测取的压力称为“动压”。

静压和动压的动画演示

对于管路的承压特性，一般用静压来表示。

2. 静压的计算

图 1-5 所示为一敞开容器，其内盛放了某种液体。在液体内任意选取点 1 和点 2，压力分别为 p_1 和 p_2，相对于基准面的位置分别为 z_1 和 z_2，则有

$$p_1=p_0+\rho g(z_0-z_1)$$

式中的（z_0-z_1）为两位置高度之差，实际上又等于点 1 在自由液面下的深度 h_1（图 1-5），从而有

$$p_1=p_0+\rho g h_1$$

由于点 1 是任意选择的，故上式可以推广到一般情况，即对于静止液体中任意一点，其压力为

$$p=p_0+\rho g h \tag{1-16}$$

式中 p——静止液体中任意一点的压力，Pa；

p_0——液体自由表面上方气体压力，对于敞开容器，$p_0=p_b$，Pa；

ρ——液体密度，kg/m^3；

h——该点在自由液面下的深度，m。

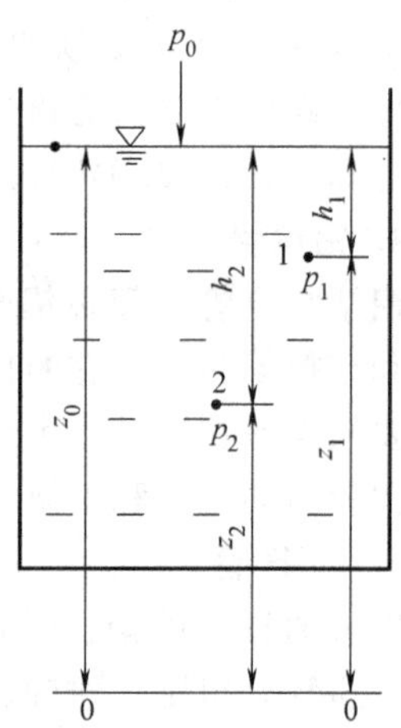

图 1-5　静压的计算

上式为液体静压力方程的另一种更为实用的形式，又称为**液体静力学基本方程**，该方程有以下特点：

1）静力学基本方程中的 p_0 和 ρg 为定值，唯一的变化量是 h。因而这是一个直线方程，说明静止液体的压力分布是随深度按直线规律变化的，越深的地方，液体压力越大。

2）静止液体的压力大小与容器的形状无关。

3）液体中深度相同的各点压力相等，因此水平面也是等压面。

对于图 1-5 中的点 1 和点 2，其压力关系为

$$p_2=p_1+\rho g(h_2-h_1) \tag{1-17}$$

$$p_2=p_1+\rho g\Delta h$$

式（1-17）同样表明了压力随深度而变化的特点。

3. 连通器静压计算

工程中经常使用 U 形管测定液体的压差或压力。这些测压管和被测容器构成了连通器，其实质为几个互相连通的液体容器，如图 1-6 所示。

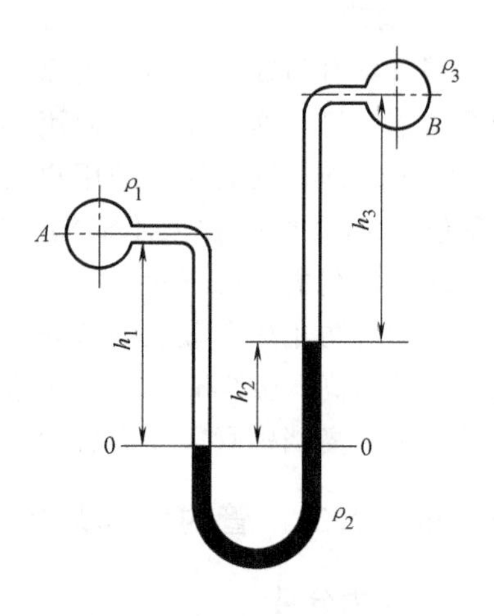

图 1-6　连通器测定压力

求解连通器问题的目的是计算连通器中某点的压力，这就需要灵活地使用液体静压力基本方程。因此，

连通器问题的求解是液体压力方程的具体应用。其计算过程将通过例题进行演示，了解以下几个要点将有助于计算：

连通器测定压力动画演示

1）连通器中同一种液体相同高度的两个液面压力相等。

2）连通器的两段液柱间有气体时，应注意气体空间各点压力相等。

3）连通器中若装有相同的液体，但两边液面上的压力不等，则承受压力较高的一侧液面位置较低，承受压力较低的一侧液面位置较高。

4）连通器中装有密度不同而又互不相混的两种液体，且两侧液面上压力相等时，密度较小液体的一侧液面较高，密度较大液体的一侧液面较低。

知识点三　管道管径的计算方法

1. 流量与平均流速的概念

流道中垂直于流体流动方向的横截面称为过流断面，如水在管中流动时垂直于管长方向的横截面。单位时间内通过过流断面的流体体积或质量分别称为流体的体积流量和质量流量，相应单位为 m^3/s 和 kg/s，记为 q 和 q_m。体积流量使用较为普遍，如无特殊说明，流体流量均指体积流量。

由于流体黏性力的作用，过流断面上各点的速度不等。在断面上取一微元面积 dA，其上速度为 u。由于微元面积很小，可认为 dA 上速度均匀，则通过 dA 的流量为

$$dq = u dA$$

整个断面上的总流量为

$$q = \int_A dq = \int_A u dA \tag{1-18}$$

工程实践中常使用断面平均流速 v（图 1-7），按平均流速计算的流量应与真实流量 q 相等，即

$$q = vA = \int_A u dA$$

因此平均流速等于

$$v = \frac{1}{A}\int_A u dA \tag{1-19}$$

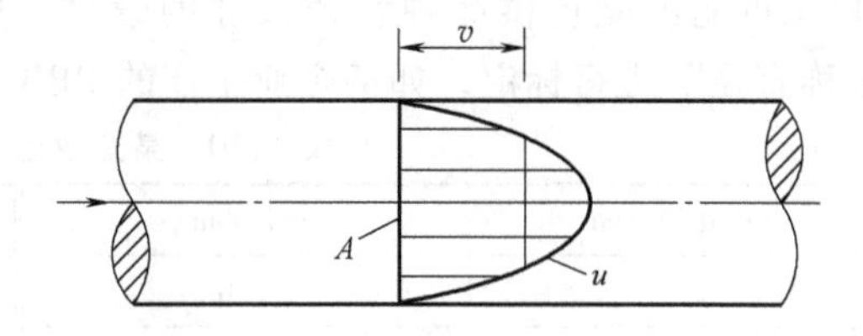

图 1-7　断面平均流速

2. 质量守恒方程

取流道中的两个过流断面 1 和 2，断面 1 的面积为 A_1，平均流速为 v_1；断面 2 的面积为 A_2，平均流速为 v_2。根据质量守恒定理，从断面 1 流入的流体质量应等于从断面 2 流出的流体质量，由于不可压缩流体密度不变，即 $\rho_1 = \rho_2$，故有

$$\left.\begin{aligned} q_1 &= q_2 \\ v_1 A_1 &= v_2 A_2 \end{aligned}\right\} \tag{1-20}$$

这就是不可压缩流体的质量守恒方程，表现为两个断面体积流量相等。式（1-20）中的第二个表达式又可记为

$$\frac{v_1}{v_2} = \frac{A_2}{A_1}$$

它表明，过流断面的面积与断面平均流速成反比。在流量不变的前提下，过流断面面积越小，则速度越大；面积越大，则速度越小。

对于有流体分流和合流的流段，如图 1-8 所示，其分流和合流情况下的质量守恒方程分别为

$$q_1=q_2+q_3$$

$$q_1+q_2=q_3$$

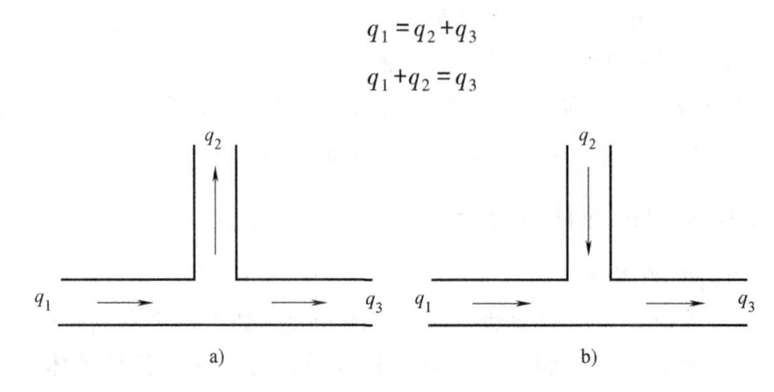

图 1-8　流体的分流和合流

3. 管径的计算和选择

水路管径通常用公式 $q=vA=v\pi d^2/4$ 来计算，式中，v 为平均流速，d 为管径。因此，对于流量已定的系统，若流速确定，则可以直接确定管径。

流速值的选用视给水管道所能提供的压力而定，压力充足，流速可选得大些；反之，流速应选得小些。室内给水管道一般采用的流速为：室内支管 0.6~1.0m/s；立管及干管1.0~1.5m/s；生活或生产给水管道中的流速不宜大于 2m/s。

通过计算可以获得一个流速适宜的管径，但这个管径通常不能直接作为最终的数据，因为厂家可能不能提供此种管径尺寸的管材。厂家的产品一般都是标准化、系列化的，以“公称直径”进行标定，如某企业生产的 PPR 水管型号见表 1-10。

表 1-10　某企业生产的 PPR 水管型号

公称外径/mm	壁厚/mm	公称外径/mm	壁厚/mm
20	2.0	63	5.8
25	2.3	75	6.8
32	2.9	90	8.2
40	3.7	110	10.0
50	4.6	160	14.6

一般公称直径指的是外径，而计算所得数据通常是内径，因此，这也需要结合企业产品资料进行整理和选型。

总体而言，管径的选择步骤为：

1）根据规范或实际需要确定一个流速。

2）结合流量需求和已确定的流速计算管径，此计算结果为内径。

3）在企业系列产品中选择一个最接近此内径数据的产品，以公称直径作为型号标示。

4）以选定的产品内径尺寸结合流量需求重新计算管内流速，如果流速超出限定范围，则说明选型错误，需要重新选型和校核计算，直到满足要求为止。

4. 管路流体参数测量配件的结构、原理和工作特性

流体参数测量配件详细介绍资料

管路流体参数测量配件包括测量压力、流量的仪器仪表；根据仪器仪表是否具有信号远程传输功能，又分为现场和远程两种类型。下述为关于流体参数测量配件的简单介绍，详细介绍可用微知库 App 扫描右侧二维码自行学习。

（1）测压仪器仪表　常用的现场指示压力表有弹簧管压力表、膜片压力表等。这种类型的压力表一般以指针对压力敏感元件（如弹簧管、膜片）的变形进行指示。远距离传输压力变送器主要由测压元件传感器、测量电路和过程连接件等组成，它能将接收的气体、液体等的压力信号转变成标准的直流电流信号（DC 4~20mA），以供给指示报警仪、记录仪、调节器等二次仪表进行测量、指示和过程调节。

（2）测流量仪器仪表　目前，工业上常用的流量计量仪表种类繁多，按其工作原理大致可分为容积式、压差式、流体阻力式和速度式流量计等几大类。容积式流量测量仪表主要有椭圆齿轮流量计和腰轮转子流量计两种。而压差式流量计则通过测定管路中节流孔板两端的压差来折算出管路中的流量。流体阻力式流量计主要有转子流量计（浮子流量计）和靶式流量计两种。测速式流量计主要有涡轮流量计、超声波流量计和电磁流量计。

任务实施

1. 管路计算选型

完成管路计算选型并将计算结果填入表 1-11。

表 1-11　管路压力计算及型号选择结果汇总表

	最高静压力点	最高静压力值/Pa	水流速度/(m/s)	管路材料	管径/mm	管长/m	生产厂家
管段 1							
管段 2							
……							

2. 管材加工和管路配件安装

中央空调水管系统加工工艺标准

了解常用测压和测流量仪器仪表的种类、结构、原理和使用方法。为本任务所针对的管路系统选择合适的流体参数测量仪器仪表，并按照右侧二维码所指引的中央空调水管系统加工工艺标准完成配件的安装工作。

检测评分

将任务完成情况的检测评分填入表 1-12 中。

表 1-12　管路材料和尺寸的确定评分表

序号	检测项目	检测内容及要求	配分	学生自检	学生互检	教师检测	得分
1	职业素养	文明礼仪	5				
2		安全纪律	10				
3		行为习惯	5				
4		工作态度	5				
5		团队合作	5				

（续）

序号	检测项目	检测内容及要求	配分	学生自检	学生互检	教师检测	得分
6	参数计算	流量	5				
7		流速	5				
8		管路尺寸确定	10				
9		管材和配件选型	5				
10	管路加工设备操作	安全规范	5				
11		正确操作	10				
12	管路加工	管道加工	15				
13		管路配件安装	15				
综合评价			100				

任务反馈

在任务完成过程中，是否存在表1-13中所列的问题，了解其产生原因并提出修正措施。

表1-13　管路选配计算和加工中出现的误差项目、产生原因及修正措施

存在问题	产生原因	修正措施
计算参数与实际参数间的误差	管路计算和选配有误	
	管路计量配件选配和安装有误	
管路出现漏水等状况	管路加工不合标准	

作业习题

在微知库课程学习平台PC端完成相关作业习题，或者用微知库App扫描右侧二维码完成相关作业。

作业习题

任务3　水泵的选配

任务描述

前两个任务已经为图1-1所示的水系统选配了除水泵以外的所有配件，这为水泵的选配做好了准备。水泵是管路系统中驱动流体流动的动力部件。本任务将为图1-1所示冷却水系统选配合适的水泵。由于企业生产的水泵一般都是系列化产品，所以所选择的水泵和所需要的水泵会有一定的误差，工程师们除了要掌握水泵的参数计算和选配技术外，还需要掌握一定的水泵安装和运行调试技术。

知识目标

1. 了解不同类型水泵的结构和工作原理。
2. 掌握水泵的计算选型方法。
3. 熟悉水泵的安装规范。

技能目标

掌握按照规范对水泵进行安装和运行调试的方法。

水泵说明书样例资料

素养目标

通过团队项目合作，建立起协作精神；并在拆装操作中培养工匠精神。

知识准备

对于水泵的选择，首先要了解水泵的选型依据参数，然后通过计算确定相关的依据参数，并根据计算结果确定最为合适的水泵。水泵选定以后，按照标准和规范对水泵进行安装和运行调试。

知识点一 水泵的性能参数

离心泵结构简图

一、产品说明书内容

水泵说明书样例可用微知库 App 扫描右侧所示二维码查看，或直接搜各大水泵厂家产品说明。

一般产品说明书内容包括产品类型和结构介绍、主要用途说明、工作条件说明、型号意义说明、性能参数表和性能曲线图谱等。其中，性能参数表和性能曲线图谱用于用户在系列产品中选择合适产品时参考。

轴流泵结构简图

二、水泵的类型和结构

水泵根据结构形式和运行原理，可以分为叶轮式、容积式，以及其他（如射流泵）三大类。叶轮式也称速度式，此种水泵通过叶轮等机械结构对流体进行加速，然后将速度能转化为液压能从而使流体获得能量；容积式流体机械通过工作容积的改变对流体做功，使流体获得能量。用微知库 App 扫描右侧二维码可详细了解各种类型水泵的结构和工作原理。

其他类型水泵

三、性能参数

1. 流量

单位时间内泵与风机所输送的流体数量称为流量，它可以表示为体积流量（用 q 表示，单位为 m^3/s、m^3/h）、质量流量（用 q_m 表示，单位为 kg/s）和重力流量（用 q_G 表示，单位为 N/s）。最常用的是体积流量 q。

2. 扬程

单位质量的液体在泵内所获得的有效机械能称为泵的扬程，也即每单位质量液体在泵内获得的净机械能，以符号 H 表示，其单位为 mH_2O。单位体积的气体在风机内所获得的有效机械能称为风机全压，用符号 p 表示，单位为 N/m^2。

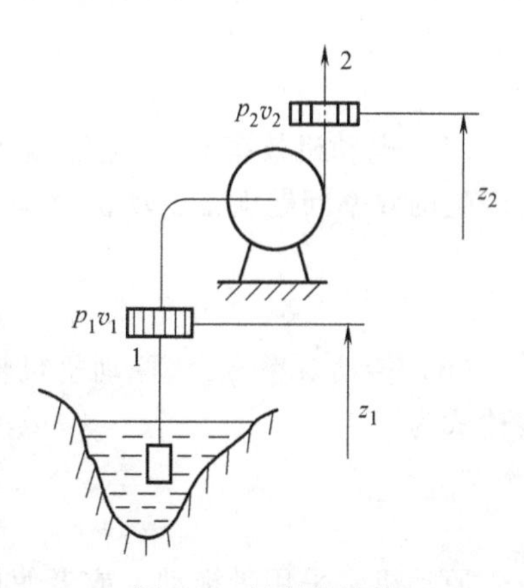

图 1-9 扬程的计算

图1-9所示为一水泵的系统结构，1表示泵的入口处，2表示泵的出口处，根据扬程的定义可以知道

$$H=\left(z_2+\frac{p_2}{\rho g}+\frac{v_2^2}{2g}\right)-\left(z_1+\frac{p_1}{\rho g}+\frac{v_1^2}{2g}\right) \tag{1-21}$$

结合伯努利方程，得

$$z_1+\frac{p_1}{\rho g}+\frac{v_1^2}{2g}+H_i=z_2+\frac{p_2}{\rho g}+\frac{v_2^2}{2g}+h_{l1-2}$$

式中 H_i——泵提供的能量；

h_{l1-2}——水在1、2两点间流动时因摩擦阻力所消耗的能量。

可以得到扬程的计算式为

$$H=\left(z_2+\frac{p_2}{\rho g}+\frac{v_2^2}{2g}\right)-\left(z_1+\frac{p_1}{\rho g}+\frac{v_1^2}{2g}\right)=H_i-h_{l1-2} \tag{1-22}$$

从上式可以看出，扬程 H 和泵所提供的能量 H_i 是有区别的，H_i 是系统在流量一定的条件下对输送设备提出的做功能力要求，而扬程是输送设备在流量一定的条件下对流体的实际作用能力。

3. 功率和效率

通风机和泵的功率有轴功率 P、有效功率 P_e、原动机功率 P_g 和原动机输入功率 P_{in} 之分。常用的效率有电动机效率 η_{in}、效率 η、机械效率 η_m、容积效率 η_V、流动效率（水力效率）η_h、传动效率 η_{tm} 等。这些功率和效率间的关系如下：

原动机输入功率 —电动机效率→ 原动机功率 —传动效率→ 轴功率 —效率→ 有效功率

(1) 原动机输入功率 P_{in}　若原动机为电动机，则原动机的输入功率即其消耗的电功率，单位为kW。

(2) 原动机功率 P_g　原动机的输出功率即为原动机功率，用 P_g 表示，单位为kW。

(3) 轴功率 P　原动机传给泵轴上的功率称为泵的轴功率，又称为输入功率，通常用 P 表示，单位为kW。

(4) 有效功率 P_e　有效功率是指单位时间内通过泵的流体获得的净功率，即泵的输出功率，用符号 P_e 表示，单位为kW。泵的有效功率的计算公式为

$$P_e=\frac{qH\rho g}{3600} \tag{1-23}$$

(5) 电动机效率 η_{in}　电能输入电动机之内并不能全部转化为机械能，由于铜损、磁损而产生的效率问题就是电动机效率，用符号 η_{in} 表示，其表达式为

$$\eta_{in}=\frac{P_g}{P_{in}}$$

(6) 传动效率 η_{tm}　原动机机轴与泵轴的连接存在机械损失，用传动效率 η_{tm} 表示，其表达式为

$$\eta_{tm}=\frac{P}{P_g} \tag{1-24}$$

原动机常采用带拖动，或者使用联轴器，这时的机械损失一般不为零，所以通常原动机功率比轴功率大。而对于现在常用的许多半封闭和全封闭泵，电动机和做功部件常被固定在

同一条轴上，传动损失相对较小，可以忽略。此时，$P_g=P$。

（7）效率 η　轴功率和有效功率之差是泵内部损失功率。泵的效率为有效功率和轴功率之比，用于表示输入的轴功率 P 被流体利用的程度，用符号 η 表示，其表达式为

$$\eta=\frac{P_e}{P} \tag{1-25}$$

η 是评价泵性能好坏的一项重要指标。η 越大，说明泵的能量消耗越小，效率越高。η 通常由试验确定。

对于离心式泵，影响 η 大小的因素主要有：

1）容积损失。容积损失通常指的是泵泄漏造成的损失，常用容积效率 η_V 来标示该损失的大小，其表达式为

$$\eta_V=\frac{q_2}{q_1} \tag{1-26}$$

式中　q_1——泵入口体积流量，m^3/s；

　　　q_2——泵出口体积流量，m^3/s。

2）机械损失 P_J。机械损失是由泵轴与轴承之间、泵轴与填料函之间以及叶轮盖板外表面与液体之间产生的摩擦引起的能量损失。常用机械效率 η_m 表示该损失对泵做功能力的影响，其表达式为

$$\eta_m=\frac{P-P_J}{P} \tag{1-27}$$

3）水力损失 P_S。流体在流经流体机械的时候，由于黏性而与通道产生的摩擦损失，以及在局部地区由于流动情况突变（流速改变、流向改变、壁面冲击等）而产生的局部阻力，统称水力损失。常用流动效率（水力效率）η_h 表示水力损失对泵做功能力的影响程度，流动效率的计算公式为

$$\eta_h=\frac{P-P_S}{P} \tag{1-28}$$

4. 转速

叶轮每分钟旋转周数称为转速，用符号 n 表示，单位为转/分钟（r/min）。

铭牌参数的表达目前在国内并没有一个严格的规范标准。有些泵的铭牌上还标有允许吸上真空高度等参数，这将在后续项目中讲述。

四、性能曲线

1. 离心式泵的性能曲线及其分析

性能曲线通常是指在一定转速下，以流量为基本变量，其他各参数随流量改变而改变的曲线。因此，通常的性能曲线为 q-$H(p)$、q-P、q-η 等曲线。这些曲线直观地反映了泵与风机的总体性能。性能曲线对泵与风机的选型、经济合理运行都起着非常重要的作用。

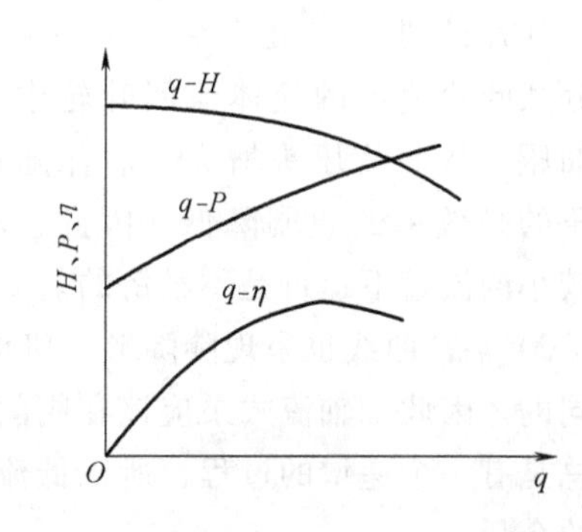

图 1-10　后弯式叶片离心泵的性能曲线图

图 1-10 所示为某后弯式叶片离心泵的性能曲线

图，由于后弯式叶片离心泵较为普遍，后面内容若无特别说明，则所提到的离心泵都为后弯式叶片泵。

图 1-10 所示性能曲线将在以下方面对泵的设计和运行起重要的辅助作用：

1）了解哪些工况是危害工况，运行时应力求避免。

2）开机、停机时如何操作最合理，可以避免电动机超载等。

3）如何选择不同叶片泵。

4）如何选择既满足流量和扬程要求，且效率最高的泵。

（1）q-H 曲线　q-H 曲线表示流量和扬程间的关系。从图 1-10 可以看出，离心式泵的扬程随流量的增大而下降。

（2）q-P 曲线　q-P 曲线反映流量和泵的轴功率间的关系。离心式泵的轴功率随流量的增大而上升，流量为零时轴功率最小。为了保证在泵起动时阻力最小，即需要轴功率最低，在离心式泵起动前应关闭泵的出口阀门，这样可以减小起动力矩、降低起动电流以保护电机。

（3）q-η 曲线　q-η 曲线反映流量和泵的效率之间的关系。图 1-10 中所示的 q-η 曲线显示：当 $q=0$ 时，η 最小，且随着流量增大，泵的效率也随之增大并达到一最大值；当流量继续增大时，效率开始降低。这表明泵的效率只有在特定的流量点才是最大，此点即为设计工况点。

泵在设计工况点工作时，效率最高，运行最经济，对应的 q、H、P 值称为最佳工况参数。一般离心泵的铭牌上标示的性能参数都是泵在设计工况点工作时的参数，而泵的实际运行工况不一定在最高效率点，所以需要规定一个工作范围，称为泵的高效率区，通常为最高效率的 92%左右，选用离心泵时，应使泵在此范围内工作。

2. 轴流式泵的性能曲线及其分析

在一定的转速下，对叶片安装角固定的轴流式泵，试验所测得的典型性能曲线如图 1-11 所示，它和离心式泵的性能曲线有显著的区别。

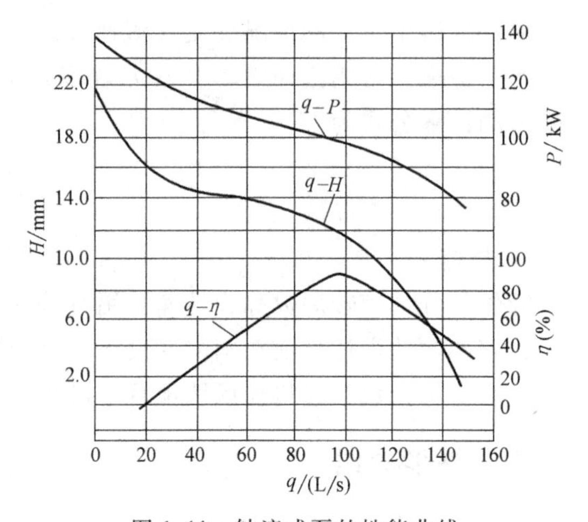

图 1-11　轴流式泵的性能曲线

轴流式泵的性能曲线有以下性能特点：

1）q-H 曲线呈陡降型，曲线上有拐点。扬程随着流量的减小而剧烈增大，当流量为 0 时，其扬程达到最大值。这是因为当流量小时，叶片的进出口处产生了二次回流现象，部分从叶轮流出的流体流回叶轮中进行第二次加压，从而使压头增大。而伴随这种二次加压的是效率的急剧降低。因此，轴流式泵在较小的流量下运行是不经济的。

2）q-P 曲线也呈现陡降形。机械所需的功率随着流量的减小而增大，这与离心式泵是不同的。因此，轴流式泵应该在阀门全开的情况下起动。但在实际工作中，轴流式泵中的流量总是有一个递增的过程，所以低流量阶段在所难免。因此，选配电动机的时候需要选取较大的余量。

3）q-η 曲线呈驼峰形。这表明轴流式泵的工作范围很窄。因此，一般轴流式泵不能设置调节阀门以避免在低效率工况点运行，调节方式一般是调节叶片安装角度或改变叶轮转速。

知识点二 泵的选型计算

从前面的内容可以了解到，泵选型的关键依据参数是流量和扬程。要计算这两个关键参数，需要用到两个基本方程式：质量守恒方程和能量守恒方程。质量守恒方程在前一任务中已经做了介绍，通过质量守恒方程可以计算出流量；而扬程则需要通过能量守恒方程来计算。

1. 能量守恒方程的定义

流体速度沿流动方向变化比较缓慢，流动比较均匀的区段称为渐变流或缓变流。在流道上下游的缓变流区段各取一过流断面 1 和 2，两个断面间能量守恒关系表现为

$$z_1g+\frac{p_1}{\rho}+\frac{v_1^2}{2}=z_2g+\frac{p_2}{\rho}+\frac{v_2^2}{2}+H_{11-2} \tag{1-29}$$

式中，各项的量纲为 m^2/s^2，其物理意义如下：

zg——过流断面中心相对于基准面的高度，实质为流体在高度 z 处具有的比位能，m；

$\frac{p}{\rho}$——流体的比压力能，m，方程两边的 p 应同时取相对压力或绝对压力；

$zg+\frac{p}{\rho}$——流体的比位能与比压能之和，称为比势能，过流断面上不同的点 zg 和 $\frac{p}{\rho}$ 不同，但二者之和却在整个断面上保持不变，因此 $zg+\frac{p}{\rho}$ 也代表了过流断面上的平均比势能；

$\frac{v^2}{2}$——断面上单位质量的流体具有的平均动能；

H_{11-2}——断面 1-2 间单位质量流体损失的机械能；

上述两端同时除以 g，则方程变形为

$$z_1+\frac{p_1}{\rho g}+\frac{v_1^2}{2g}=z_2+\frac{p_2}{\rho g}+\frac{v_2^2}{2g}+h_{11-2} \tag{1-30}$$

上式又称为**伯努利方程**。伯努利方程各项物理意义的实质仍为相应的比能量，但单位为 m，因此又称为各种水头。

2. 稳定流能量方程的适用条件

能量方程可用来计算断面平均流速、压力或能量损失。但在运用能量方程时，应严格掌握其适用条件：

1）定流以及流速随时间变化缓慢的近似稳定流。

2）可压缩流体。适用于压缩性极小的液体和流速不太高的气体；只有压力变化较大，流速很高的气体才考虑其压缩性。

3）断面应取在缓变流部分，图 1-12 中断面 1、3、5、6、8、10 可取为计算用过流断面；而断面 2、4、7、9 则不能用做计算用过流断面。

4）方程的推导前提是两断面间没有能量的输入或输出。如果有能量的输入，如断面间有水泵或风机；或者有能量的输出，如断面间有水轮机，则可将输入的单位能量 H_i 或输出

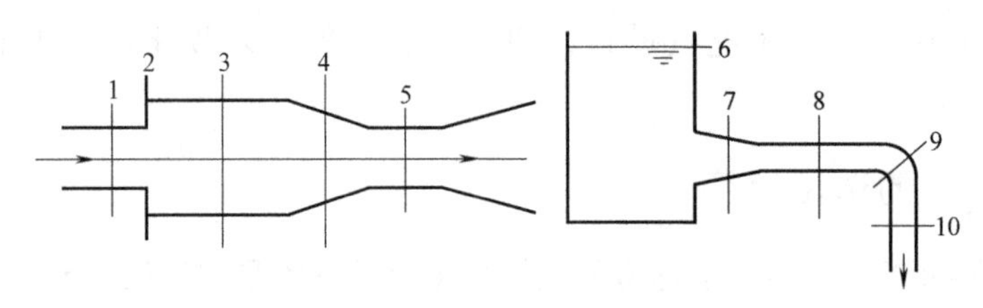

图 1-12　计算用过流断面的选择

的单位能量 H_o 分别加在方程的左边或右边，从而维持能量守恒关系，但要注意单位的统一。

$$z_1+\frac{p_1}{\rho g}+\frac{v_1^2}{2g}+H_i=z_2+\frac{p_2}{\rho g}+\frac{v_2^2}{2g}+h_{l1-2} \tag{1-31}$$

$$z_1+\frac{p_1}{\rho g}+\frac{v_1^2}{2g}=z_2+\frac{p_2}{\rho g}+\frac{v_2^2}{2g}+H_o+h_{l1-2} \tag{1-32}$$

输入和输出的单位能量 H_i 和 H_o，其实质为单位质量的流体输入和输出的能量，但却是具有长度的量纲，单位为 m。

5）方程的推导没有考虑分流或合流的情况，如果出现分流，如图 1-13 所示，则有两个特点：

其一，流量关系为

$$q_1=q_2+q_3 \tag{1-33}$$

其二，单位质量流体的能量守恒关系依然存在，只是分别表现为断面 1-2 和断面 1-3 的两个能量关系式而已，即

$$z_1+\frac{p_1}{\rho g}+\frac{v_1^2}{2g}=z_2+\frac{p_2}{\rho g}+\frac{v_2^2}{2g}+h_{l1-2} \tag{1-34}$$

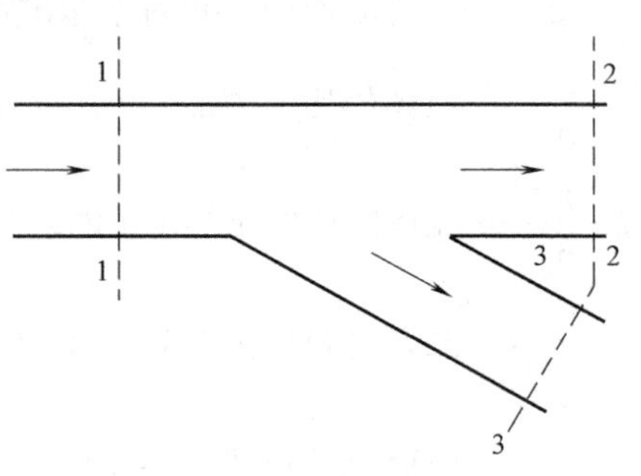

图 1-13　流动分流

$$z_1+\frac{p_1}{\rho g}+\frac{v_1^2}{2g}=z_3+\frac{p_3}{\rho g}+\frac{v_3^2}{2g}+h_{l1-3} \tag{1-35}$$

根据这个原则不难得到合流时的能量方程。

3. 水头和水头线

伯努利方程中各项都具有长度的量纲，单位都可以统一为 m，因此可用几何高度来表示，工程上习惯称为“水头”，水头是用长度单位表示的比机械能。不同液体的密度是不同的，水头表示的是管中流动的特定流体的液柱高度，经过换算后又可以表示为水柱或汞柱的高度。其中：

z 称为位置水头；

$\frac{p}{\rho g}$称为压力水头；

$z+\frac{p}{\rho g}$称为测压管水头，记为 H_P；

$\frac{v^2}{2g}$称为流速水头。将一根带 90°弯头，两端开口的小管放入流体中，如图 1-14 所示，

正对来流方向。测定管中自由液面与测压管自由液面高度之差 h_u，就可以计算出该点流速。因 $h_u=\frac{u^2}{2g}$，所以 $u=\sqrt{2gh_u}$。对于总流，$\frac{v^2}{2g}$是断面上各点流速水头的平均值。

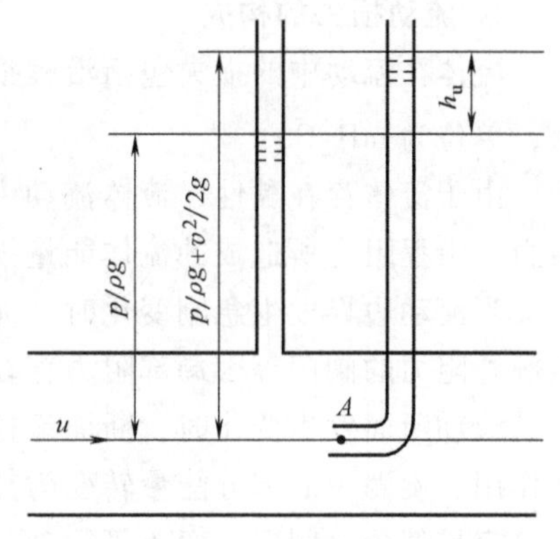

图 1-14　流速水头

$z+\frac{p}{\rho g}+\frac{v^2}{2g}$称为总水头，记为 H。

h_1 称为水头损失。

如此，可将能量方程写成上、下游断面总水头的形式

$$H_1=H_2+h_{11-2}$$

或

$$H_2=H_1-h_{11-2}$$

而测压管水头是同一断面总水头与流速水头之差，即

$$H=H_P+\frac{v^2}{2g}$$

$$H_P=H-\frac{v^2}{2g}$$

根据这些关系，按水头的高度比例，可以沿流动方向绘出两个断面间的总水头线和测压管水头线。图 1-15 形象、直观地反映了两个断面各自的能量分配、两断面的能量变化及水头损失。

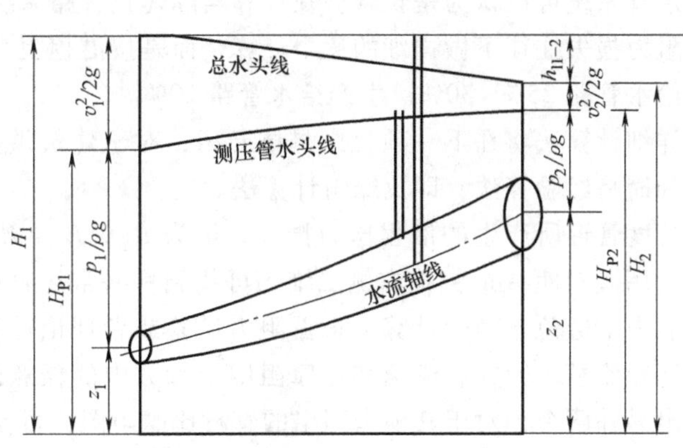

图 1-15　总水头线和测压管水头线

基本方程应用

基本方程的应用可用微知库 App 扫描右侧二维码深入学习。

知识点三　管路阻力计算

要用能量守恒公式 $z_1+\frac{p_1}{\rho g}+\frac{v_1^2}{2g}+H=z_3+\frac{p_3}{\rho g}+\frac{v_3^2}{2g}+h_{11-3}$ 计算扬程 H，除了需要确定管路中两断面的高度差、压差和速度差之外，还需要计算管路实际的流动损失 h_{11-3}（mH_2O）。

1. 流动损失的构成

流体在流动中的损失包括沿程损失（用 H_f表示，单位为 mH_2O）和局部损失（用 H_m表示，单位为 mH_2O）。

由于流体存在黏性，流体流动中与管道壁面以及流体自身的摩擦所造成的阻力称为**沿程阻力**，沿程阻力所造成的流体能量损失称为**沿程损失**。

当流动边界发生急剧变化时，如在流动方向发生改变的弯管处、管径改变的变径处、产生额外阻力的阀门等因局部阻力存在而产生的能量损失，称为**局部损失**。产生局部损失的原因是流动断面发生变化时，断面流速分布发生急剧变化，并产生大量的旋涡。由于流体的黏性作用，旋涡中的部分能量转变为热能使流体升温，从而消耗机械能。管道进口、管道的突缩、突扩部分、阀门、弯头等管件部分均会产生局部阻力。

2. 流动损失的计算方法

管路是由管道及弯道、阀门等附件组成的整体，流体在管路中的能量损失为沿程损失和局部损失之和。要计算管路流动损失，首先需要判断管路的类型。

对管路系统进行分类是为了针对不同的特点进行计算。按管路中流体能量损失的大小，可分为长管和短管；按结构形式，则分为简单管路和复杂管路，而复杂管路又可细分为串联管路、并联管路、枝状管路和环状管路。

局部损失与出口速度水头之和远小于沿程损失的管路系统称为**长管**。其在计算中只考虑沿程损失，局部损失与出口速度水头之和忽略不计，或者仅按沿程损失的 5%进行计算。城市集中供热干线、给水干线、远距离输油管及水泵的压水管路一般可视为长管。局部损失与出口速度水头之和与沿程损失相比不能忽略的管路系统称为**短管**，其计算中所有的损失均在考虑之列。液压系统中的油管、室内供热管、通风空调管及水泵的吸水管等可视为短管。

本项目所涉及的水管系统可以认为是长管。在计算实际建筑管路系统时，由于弯头等配件数量很多，对局部阻力损失往往不做详细的逐个计算，而是按沿程阻力损失的某一百分数折算，其值为：生活给水管路 25%~30%；生产给水管路 20%。

沿程阻力损失的详细计算法将在下一项目中具体介绍，对于建筑供排水系统，一般采用一种简易经验算法，即比摩阻计算法。

常用管材比摩阻图

比摩阻是指单位长度管道所产生的沿程压力损失，记为 R_m，$R_m=H_f/l$，单位为 mmH_2O/m。用微知库 App 扫描右侧二维码可找到一些常用管材的比摩阻图，这是人们为了避免繁琐的计算，根据阻力试验或者理论计算制成的计算表。只要已知流量、管径、流速和比摩阻四个参数中的任意两个，就可以在表中查出另外两个，对于其他未列出的管材比摩阻图，可参见其他工程手册。

任务实施

1. 泵的计算选型

1）对项目任务中的管路分段计算管路阻力，并填入表 1-14。

表 1-14　管路阻力

管段	管段							
阻力	段 1	段 2	段 3	段 4	段 5	段 6	段 7	汇总

2）根据质量守恒方程和能量守恒方程计算泵的流量和扬程，将计算结果填入表1-15。

表 1-15 流量和扬程

参数	流量	扬程	其他要求
结果			

3）根据流量和扬程选择合适的水泵，将相关参数填入表1-16。

表 1-16 选择水泵

水泵类型	型号表示	转速	扬程	功率	流量	生产厂家

水泵的安装规范

2. 泵的安装和运行

水泵的安装规范可用微知库App扫描右侧二维码参考学习，此处简单介绍泵的安装要求。

1）安装水泵并检查是否达到规范要求，见表1-17。

表 1-17 水泵安装要求

综合要求	规 范 要 求
了解水泵安装厂家要求	通过网络或其他途径了解所选取的水泵厂家对水泵安装的要求，明确安装图样中的以下要求 （1）对于基座的要求 （2）联轴器的安装要求 （3）水泵出入口系统的要求
了解和掌握水泵的安装方法和步骤	能运用设备找正、找平仪器对水泵及其电动机基础进行量度，包括 （1）设备找正、找平方法及调整值的计算 （2）设备找中心的方法及调整值的计算 能运用各种找平、找正方法，利用相关工具如水平仪、钢丝等，实测基础平正情况，包括 （1）基础平面的水平度 （2）地脚螺栓的垂直度 能按设备底座尺寸要求画出垫铁配置方案 能对地脚螺栓进行有秩序的禁固至指定力矩 能对大型水泵转动机件做禁固后的测量检查 能对立式水泵叶轮摆度进行测量与调整 能对轴进行测量与调整
水泵的安装工作专业处理	能遵照图样及工程要求进行水泵的安装 能遵照工程要求控制安装工程进展，使安装能达到工程要求和质量标准 能遵循法律法规要求的安全指引、供应商的安装指导，从事水泵安装 能有效地使用安装工具及仪器

2）在水泵空载及加载两种状态下进行试运行，解决运行中泵及管路故障问题。

水泵的故障和排除方法可用微知库App扫描右侧二维码深入学习。

水泵的故障和排除方法

检测评分

将任务完成情况的检测评分填入表1-18中。

表 1-18　水泵的选配检测评分表

序号	检测项目	检测内容及要求	配分	学生自检	学生互检	教师检测	得分
1	职业素养	文明礼仪	5				
2		安全纪律	10				
3		行为习惯	5				
4		工作态度	5				
5		团队合作	5				
6	参数计算	阻力	5				
7		流量	5				
8		扬程	10				
9		水泵选型	5				
10	管路加工设备操作	安全规范	5				
11		正确操作	10				
12	水泵安装和运行	水泵安装	15				
13		水泵运行调试	15				
综合评价			100				

任务反馈

在任务完成过程中，是否存在表 1-19 中所列的问题，了解其产生原因并提出修正措施。

表 1-19　水泵的选配中出现的误差项目、产生原因及修正措施

存在问题	产生原因	修正措施
管路设计参数和实际参数偏差较大	管路流动参数计算有误	
	水泵选型或安装有误	
管路出现漏水等状况	水泵与管路的连接有误	

任务拓展

拓展任务 1：水泵的拆装和结构认识，任务内容和指南可用微知库 App 扫描右侧二维码进行了解。

水泵结构介绍和拆装实训

实训要求：

1）对几种常见的水泵进行拆装和结构分析。

2）结合结构分析了解各种泵的运行原理。

3）分析比较各种水泵的运行性能优劣，写出分析报告。

拓展任务 2：离心式泵性能曲线测定试验，任务内容和指南可用微知库 App 扫描右侧二维码进行了解。

离心泵性能曲线测定实验台

实训要求：

1）测定离心式泵的运行性能曲线，了解离心式泵的运行特性。

2）了解泵性能曲线的试验测定方法，学习结合理论对试验结果进行分析的方法。

离心泵性能曲线测定实验

项目小结

通过该项目各任务环节的实施，可以基本建立一套满足任务要求的水系统。但事实上这个系统还是不完善的，还需要再明确一些问题：

1）若不是单台泵供水，而是采用多台泵并联或者串联，此时系统怎么调试？

2）水泵，特别是离心式泵，如果安装位置不当（如太高），会导致抽不上水或者流量不够的问题，怎么解决？

3）本项目中的管路阻力计算采用了近似比摩阻的方法，这种方法误差较大，怎样计算更准确？

当然，在非常简单的系统中也许不需要考虑这些问题，可以通过现场调试来解决。但对于较为复杂的系统，是需要预先考虑这些问题的，寄希望于现场调试将降低系统的运行性能和增加成本。例如，对于较为复杂的中央空调水系统，就需要考虑更多问题，这将在下一个项目中予以分析。

素养提升

水利工程的奇迹——都江堰

世界上很多古老的文明都曾有过宏伟浩大的水利工程。古罗马的人工渠翻山越涧，远距离输水，堪称奇观；古巴比伦的纳尔-汉谟拉比灌溉区纵横交错，辽阔宏大。然而，无论当时多么壮观的工程，都在历史的风烟之中消散。唯有中国的都江堰，跨越了几千年的历史长河仍长盛不衰，发挥着越来越重要的作用，成为水利工程史上的伟大奇迹。

始建于战国时期的都江堰，距今已有2000多年历史，是根据岷江的洪涝规律和成都平原悬江的地势特点，因势利导建设的大型生态水利工程，不仅造福当时，而且泽被后世。联合国世界遗产委员会将都江堰列入世界文化遗产名录，赞誉其为“全世界至今为止，年代最久、唯一留存、以无坝引水为特征的宏大水利工程”。2018年8月，都江堰被列入世界灌溉工程遗产名录。

都江堰水利工程位于四川省成都市都江堰市。公元前256年，蜀郡守李冰组织修建都江堰，工程由分水鱼嘴、飞沙堰、宝瓶口等部分组成，设计充分体现了流体力学原则。都江堰修建完成后，解决了岷江水患，成为惠泽后世的利民工程，成都平原也真正成为了天府之国。直到今天，都江堰水利工程灌区规模仍居全国之冠。

项目二

中央空调冷冻水系统的设计和施工

项目一所完成的工程属于制冷空调工程中的简易类型，在大多数情况下，制冷空调工程中的水系统不会那么简单，如管路系统有串联和并联管路，泵也有串联和并联运行情况，管路组件比较复杂等。用微知库 App 扫描右侧二维码，可以看到各种类型的复杂水路系统。如图 2-1 所示的某空调系统的冷冻水管系统就是比较常见的一种复杂水管系统，用来作为制冷工程师的进阶学习项目。该水系统总水量为 3L/s，管段 1-2-3 长 120m，管段 6-7 长 80m，管段 3-6 长 35m，管段 3-4 长 10m，均采用无缝钢管。若已知供水温度为 60℃，回水温度为 50℃，每个换热器的局部阻力系数 $\zeta=8$，试对系统管路以及水泵进行选配，按照操作规范和标准对管路系统进行施工，并完成管路特性曲线的测定。

中央空调冷冻水系统的不同形式

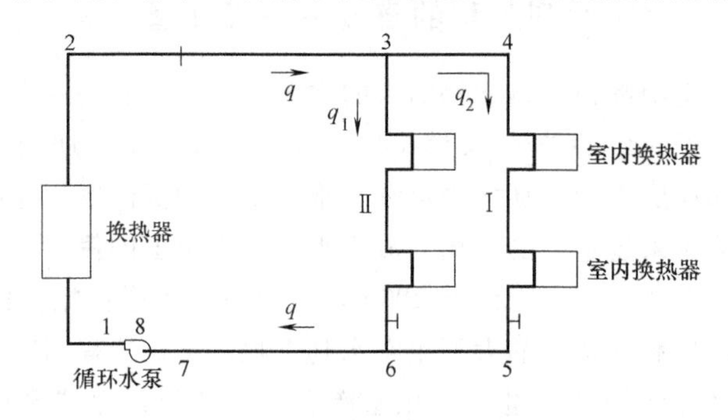

图 2-1 空调系统的冷冻水系统

1—水泵出口 2~6—水管系统各节点 7—水泵入口 8—循环水泵

图2-1 串联式双回路水循环系统

学习目标

1. 在简单管路选配计算和安装运行的基础上，掌握用阻力原理处理较为复杂管路的计算问题的方法。
2. 掌握管路阻力（能量损失）的计算方法。
3. 掌握多个水泵联合工作时工作点的调整方法。
4. 掌握复杂管路各种故障问题的分析和排除方法。
5. 通过类似但复杂项目的完成，培养学生的知识迁移和创新能力。

任务1 管路阻力（能量损失）计算

任务描述

对于复杂管路系统的选配，最重要的是对管路阻力进行准确计算，否则会影响到后续水泵的选择。本任务就是对如图2-1所示的复杂管路的综合阻力（能量损失）进行计算。

知识目标

1. 了解管路损失的类型和特点。
2. 掌握管路不同类型阻力的计算方法。
3. 掌握复杂管路的阻力计算方法。

技能目标

掌握管路特性曲线的测定方法。

素养目标

对比分析我国在流体阻力计算领域的差距，激发奋斗精神。

知识准备

项目一中的水管系统阻力计算采用了一种比摩阻的粗略计算法，这种计算方法对于长管而言具有一定的准确度，但对于复杂管路则误差较大。因此，需要进行较为精细的计算，即分别计算系统的沿程阻力和局部阻力，并利用阻抗计算串（并）联管路的综合阻力，最后将阻力逐段叠加获得总阻力。

知识点一 管路能量损失计算

管路中流体的流动能量损失可分为沿程损失 h_f 和局部损失 h_m 两大类，两种损失产生的机理和计算方法各不相同。

1. 沿程损失

由于流体存在黏性，流体流动过程中与管道壁面以及流体自身的摩擦所造成的阻力称为**沿程阻力**，沿程阻力所造成的流体能量损失称为**沿程损失**。流体流动过程中，总水头线的降落可以反映能量损失。在图2-2中，h_{fab}、h_{fbc}、h_{fcd}分别是 ab、bc、cd 段的沿程损失。

沿程损失与管道内径成反比，与管段的长度、速度、水头成正比。在同一管径的管段中，沿程损失沿管段均匀分布，即

$$h_f=\lambda \frac{l}{d}\frac{v^2}{2g} \tag{2-1}$$

式中 λ——沿程阻力系数，无因次量；

l——管段长度，m；

　　d——管道内径，m；

　　v——流体平均流速，m/s。

式（2-1）称为**达西公式**。

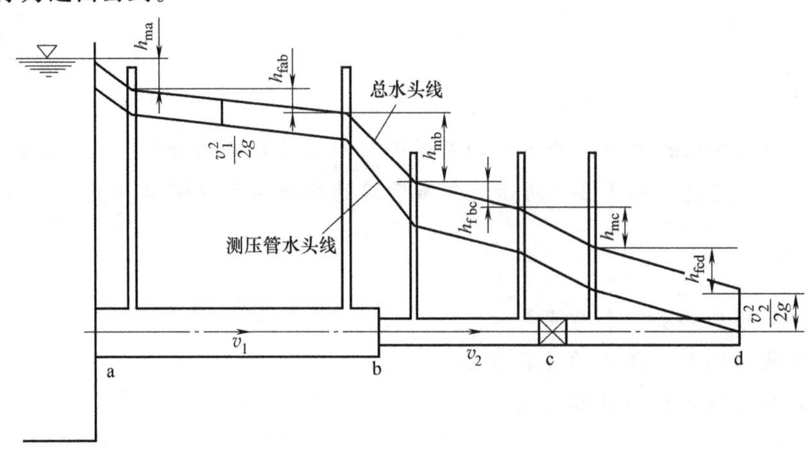

图 2-2　沿程损失和局部损失

在不同管径的管段中，要分别计算沿程阻力，整个管路的沿程损失则为所有管段沿程损失之和，即

$$h_{f总} = \sum h_f \tag{2-2}$$

2. 局部损失

当流动边界发生急剧变化时，如在流动方向发生改变的弯管处、管径改变的变径处、产生额外阻力的阀门等，因局部阻力存在而产生的能量损失称为**局部损失**。产生局部损失的原因是流动断面发生变化时，断面流速分布发生急剧变化，并产生大量的旋涡。由于流体的黏滞作用，旋涡中的部分能量转变为热能使流体升温，从而消耗了机械能。管道进口、管道的突缩和突扩部分、阀门、弯头等管件部分均会产生局部阻力。图 2-2 所示的 h_{ma}、h_{mb}、h_{mc} 分别表示流体通过管道进口、管道突缩部分及阀门时总水头降落，实质为三个位置的局部损失。

局部损失与管长无关，而只与局部管件有关。局部损失可按下式计算

$$h_m = \zeta \frac{v^2}{2g} \tag{2-3}$$

式中　ζ——局部阻力系数，无因次量。

在存在多个局部损失的管路中，总的局部损失为所有局部损失之和，即

$$h_{m总} = \sum h_m \tag{2-4}$$

3. 能量损失

整个管路的能量损失为各管段的沿程损失与各处的局部损失之和

$$h_l = \sum h_f + \sum h_m \tag{2-5}$$

用压力形式表示的沿程损失和局部损失分别为

$$p_f = \lambda \frac{l}{d} \frac{\rho v^2}{2} \tag{2-6}$$

$$p_m = \zeta \frac{\rho v^2}{2} \tag{2-7}$$

能量损失的计算公式是根据大量试验得出的结论，并且经历了实践的检验。公式的核心是 λ 和 ζ 的计算，两个系数的大小均与流态有关，所以要掌握流态的相关理论。

知识点二　流态

一、流态及其判定

1. 层流与湍流

当管内流体运动速度较低时，流体只做轴向运动，而无横向运动。实际上，此时流体在管内的运动是一种分层运动，各层间互不干扰，也互不相混。这种流动状态称为**层流**。

当流体速度增大到某一数值时，管内流体出现垂直于轴线方向的横向运动，流体运动不再只是层状流动，开始了一定的混合。这种流动状态称为**过渡流**。

当管中流体速度增大到一定程度时，流体在管中的横向运动十分剧烈，流体间产生了强烈的混合。流体的层状运动被彻底打破，其在向前流动时处于无规则的混乱状态。这种流动状态称为**湍流**。

由此可见，流体在管内流动时，有层流和湍流两种截然不同的流态，两者之间的流态为过渡流。

2. 流动状态的判定

（1）雷诺数　进一步的研究证明，管中流体的流动状态除与流体的速度 v 有关之外，还与管径 d、流体的密度 ρ、黏度 η 有关。真正影响流态转变的是上述 4 个参数按一定规律组合而成的无量纲数 Re，称为**雷诺数**。

$$Re=\frac{vd\rho}{\eta}=\frac{vd}{\nu} \tag{2-8}$$

式中　v——平均流速，m/s；

d——圆管内径，m；

ν——流体运动黏度，m^2/s。

当 d 和 ν 一定时，雷诺数只随 v 而变化，所以在最初的试验中只反映出速度的影响。

（2）临界雷诺数　雷诺数是流态转变的判据，只要雷诺数达到某一临界数值，就会发生流态的变化，这个雷诺数称为**临界雷诺数**，记为 Re_{cr}。试验表明，对于圆直管内的流体流动：

$Re<2000$ 属层流运动

$Re>4000$ 属湍流运动

$2000\leqslant Re\leqslant 4000$ 属过渡流运动

过渡流状态有一定的不稳定性，有时为层流，有时为湍流，但以湍流居多。因此在实际工程计算中，为简化分析，认为：

$Re_{cr}=2000$

$Re>2000$ 为湍流

$Re\leqslant 2000$ 为层流

有些书中认为 $Re_{cr}=2400$，这也是由于试验条件不同而产生的，在实际计算中不会产生很大误差。本书中认为 $Re_{cr}=2000$。

从雷诺数的组成可以看出，雷诺数反映了惯性力和黏性力的对比关系。黏性力较大时，雷诺数较小，流体流动比较稳定，呈现出层流的特征。而当惯性力较大时，扰动的作用超过了黏性力的稳定作用，流动就转变为湍流。

临界雷诺数的测定试验可用微知库 App 扫描右侧二维码自行学习。

雷诺实验

（3）非圆管内流态的判定　实际生产过程中，流道并非全部选用截面为圆形的管道，有时候也会使用矩形、圆环形及其他形状的管道。在非圆形截面的管道中，流体流动形态的判定依据和判定方法与圆形截面管道相同。临界雷诺数仍为 2000，雷诺数不大于 2000 为层流流动，雷诺数大于 2000 则为湍流流动。然而，雷诺数计算公式中的直径 d 必须用当量直径 d_e 代替。所谓当量直径，是指与非圆形截面管道具有相同流动阻力的圆管内径。显然，这是一种为方便计算使用的折算直径。经折算后，非圆形截面管道可视为具有当量直径的圆形截面管道。而当量直径 d_e 可以按下式计算

$$d_e = 4R_H = 4\times\frac{\text{流道截面积}}{\text{流道截面上被流体湿润的周边长度}} \tag{2-9}$$

式中　R_H——水力半径。

圆管当量直径为其本身直径，即 $d_e = d$

边长为 a 和 b 的矩形管，$d_e = 4R_H = 4\times\frac{ab}{2(a+b)} = \frac{2ab}{a+b}$

宽为 a、高为 b、水流湿润到整个高度的明渠，$d_e = \frac{4ab}{a+2b}$

例 2-1　一管径 $d=24\text{mm}$ 的水管，水流平均速度为 1.5m/s，水温 $t=15$℃。（1）试确定水的流态；（2）水温不变时，确定保持层流状态的最大流速。

解：（1）由于水的黏度随温度而变化，因此要根据水温查出黏度。在 $t=15$℃时，$\nu = 1.31\times10^{-6}\text{m}^2/\text{s}$，则

$$Re = \frac{vd}{\nu} = \frac{1.5\times0.024}{1.31\times10^{-6}} = 27480.9 > 2000$$

所以管中流态为湍流。

（2）保持层流的最大雷诺数为临界雷诺数，水温不变时，ν 也不变，故

$$v = \frac{Re_{cr}\nu}{d} = \frac{2000\times1.31\times10^{-6}}{0.024}\text{m/s} = 0.109\text{m/s}$$

二、边界层的基本概念及圆管中的速度分布

流体以均匀速度流过固体壁面时，由于黏性力的作用，在紧靠固体壁面的地方会形成一个速度梯度很大的薄层，称为**速度边界层**，简称**边界层**。边界层虽然很薄，但对流动却有较大的影响。因为边界层内外的流体流动呈现出不同的特征。边界层的厚度在一定范围内是随着位置而变化的，换言之，边界层存在一个形成和发展的过程。此过程在流体流过不同的固体壁面，如平板、曲面及管道内壁时有其不同的特点。

1. 平板边界层

流体以均匀的速度 u 平行流过图 2-3 所示的平板时，在远离平板表面的地方，流体速度不受固体表面的影响，其速度等于均匀速度 u_0。由于黏性力的作用，紧靠平板表面的流速

却为零。而速度由 u 降为零的急剧变化就发生在紧靠固体表面的薄层内。该薄层上部边界处流体速度接近 u，而底部的流体速度变为零。于是流场中出现了两个性质不同的流动区域：对于紧贴固体壁面的薄层，流体受黏性力的影响极大，速度变化极大，称为**边界层**；对于边界层以外的区域，流体不受黏性力的影响，速度保持主流速度 u。

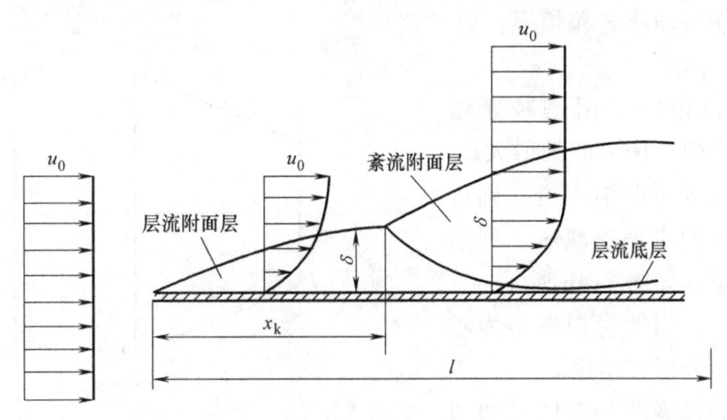

图 2-3　平板边界层

边界层与主流的界限很难确定。一般定义速度等于 $0.99u$ 处为两个区域的分界线，此处至平板表面的垂直距离即为边界层的厚度 δ。

边界层有如下特征：

1）边界层在平板前缘形成，沿着流动方向逐渐发展，其厚度 δ 也就逐渐增大而非定值。

2）边界层内的流动也存在层流与湍流两种流态，如图 2-3 所示。在边界层起始的一段距离内（图 2-3 中用 x_k 表示），边界层内流体呈层流运动，称为**层流边界层**；在 x_k 之后，层流转变为湍流，形成**湍流边界层**。边界层内流型的转变可用临界雷诺数 Re_{cr} 判定，对于平板边界层

$$Re_{cr}=\frac{ux_{cr}}{\nu}=(3.5\times5.0)\times10^5$$

3）湍流边界层内紧靠固定表面的地方还有一个薄层，其间流动为层流流动，且速度梯度极大。此薄层称为湍流边界层的**层流底层**。

4）边界层内，沿固体法线方向，在很小范围内，速度由零迅速增加并接近 u，速度梯度很大。根据牛顿内摩擦定律，单位面积上的内摩擦力与垂直于速度方向的速度梯度成正比。因此，边界层内将产生很大的内摩擦力，边界层对于流动的阻碍作用也就非常明显。而且，层流边界层内的流动阻力大于湍流边界层的流动阻力。

5）边界层内，沿固体表面法线方向压力保持不变。

2. 曲面边界层及其分离观象

流体流过表面为曲面的固体壁面时，也会形成边界层，称为**曲面边界层**。该边界层把流体流动分为边界层流动及边界层之外的主流流动。曲面边界层容易造成与固体壁面的分离，为了说明分离的原因，首先分析渐缩与渐扩流动中速度和压力的变化。

取同一水平线上流道截面积逐渐扩大的渐扩流道，如图 2-4a 所示，列出上、下游断面间能量方程。为简化分析，假定 $h_{l1-2}=0$，由于 $z_1=z_2$，则有

$$\frac{p_1}{\rho g}+\frac{v_1^2}{2g}=\frac{p_2}{\rho g}+\frac{v_2^2}{2g}$$

由于断面扩大而流量不变，于是

$$v_1>v_2$$

但两断面中压力能与动能之和相等，必然就有

$$p_1<p_2$$

结论：渐扩流道的作用是减速增压，动能的减少表现为压力能的增大。

用同样的方法分析渐缩流道，则可发现渐缩流道的作用是增速减压，即速度提升而压力减少，如图 2-4b 所示。

由于流道不长，当能量损失不为零时，并不影响上述分析和结论。

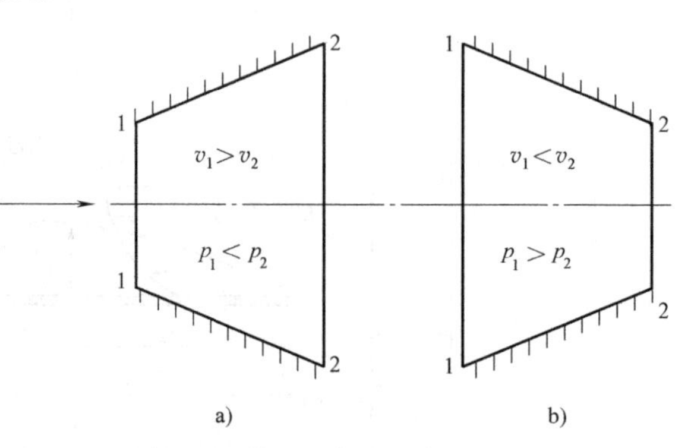

图 2-4　渐扩与渐缩流道中速度与压力的变化

a）渐扩流道　b）渐缩流道

曲面边界层的发展及分离情况如图 2-5 所示。由于固体边界的弯曲，流体流过曲面物体时，犹如通过渐缩与渐扩的流道。当流体绕过图 2-5 所示曲面时，在曲面最高点处断面 MM'之前，由于过流断面的收缩，流速沿程增加，压力沿程减少；在 MM'断面之后，由于断面不断扩大，速度不断减少，压力沿程增加。因此，在边界层外边界上，M'必然具有最大的速度和最小的压力。由于边界层内沿固体壁面法线方向的压力都相等，以上关于压力沿程的变化规律，不仅适用于边界层的外边界，也适用于边界层内。在 MM'断面前，边界层内为减压加速区域。流体一方面受到黏性力的阻滞作用，另一方面又受到压差的推动作用。即部分压力能转化为流体的动能，边界层内的流动得以维持。而在 MM'断面之后为增压减速区，流体不仅受到黏性力的阻滞作用，逐渐增大的压力也在阻止流体前进。因此，从断面 MM'之后的某一点 S_1开始，边界层内速度分布发生变形，靠近壁面的流体速度减小。流体推移到 S_1之后的某点，如点 S_2时，速度分布出现拐点，近壁部分的流体甚至产生了反向的回流，在 S_2之后回流更为严重。

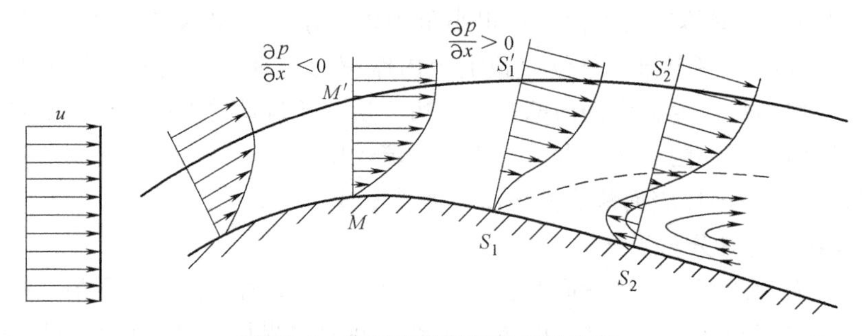

图 2-5　曲面边界层的发展及分离

尽管如此，点 S_1之后边界层内离固体壁面较远的流体，由于边界层外流体的带动作用，依然保持前进的速度。于是，回流与前进两部分运动方向截然相反的流体形成了旋涡。这种现象称为边界层的分离，点 S_1称为分离点。边界层的分离造成了旋涡，旋涡的形成又加剧

和扩大了边界层的分离。

如前所述，边界层的分离只能发生在断面逐渐扩大、压力沿程增加的区段，即增压减速区。由此可知，平板边界层不会发生分离，只有曲面边界层才有可能发生分离。

边界层分离后，会形成许多无规则的旋涡，从而产生附加的流动阻力。由于分离点的位置、旋涡区的大小均与固体形状有关，由此产生的流动阻力又称为**形状阻力**。阻力的增大会使流体在流动时耗费更多的能量，从而增大泵或风机的能量消耗。与此同时，旋涡的形成还会产生噪声，这对于空调等家用电器十分不利。因此，空调的风扇叶片、涡壳及风道在设计和制造时都要尽量符合流体流动规律，使流体边界层不会产生分离，或者使分离点尽量推后。飞机、汽车、潜艇的外形也要尽量做成流线形，即符合流动要求，使分离点靠后的形状，以缩小旋涡区，减小形状阻力。

3. 管道内流动边界层

流体以均匀的速度流入管道时，靠近管壁处也会形成速度边界层，如图 2-6a 所示。边界层沿流动方向逐渐加厚，经过一段距离的发展后，边界层在管的轴心处汇合，并充满整个管道。边界层汇合前的阶段，即边界层发展的阶段称为流体进口段，进口段长度用 L_D 表示。由于边界层中速度梯度十分明显，而管道各截面的平均流速不变，进口段边界层外的速度沿流动方向逐渐增加。但任一截面处边界层外的速度总是均匀的。边界层汇合后的阶段称为流动充分发展阶段，各截面处的速度是抛物线分布，且稳定不变。

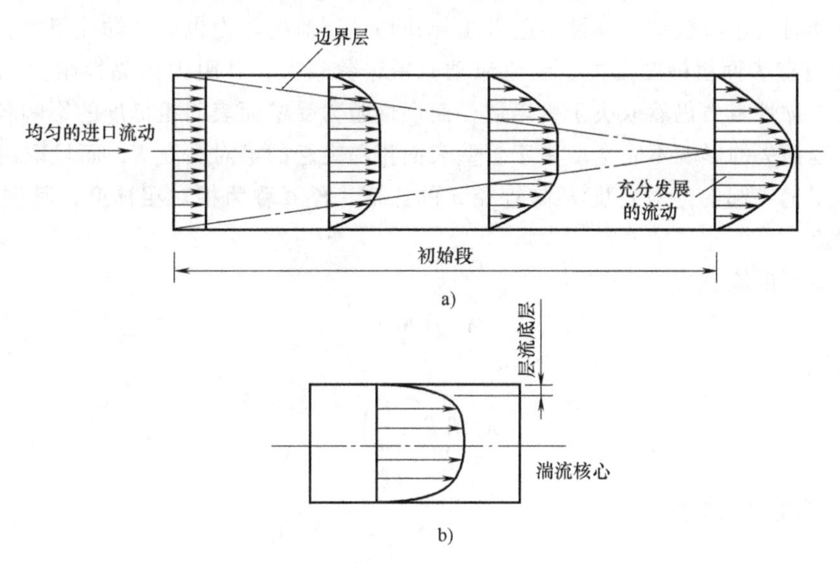

图 2-6　圆管内流动的速度分布

a）层流　b）湍流

对于管内层流与湍流流动，起始段的长度也是不同的。根据试验资料分析，起始段长度可按下列公式计算：

对于层流　$\frac{L_D}{d}=0.028Re$

对于湍流　$\frac{L_D}{d}=50$

由此可知，层流流动起始段长度不仅与管内径 d 有关，也与 Re 有关；而湍流流动起始段长度仅与管内径有关。

4. 圆管中的速度分布

流体在管内充分发展阶段的流动可能是层流，也可能是湍流，取决于雷诺数的值。无论是层流还是湍流，管轴心处的速度均为最大速度，记为 v_{max}；管壁处的速度为零。

工程计算中经常使用截面平均速度 v，平均速度与最大速度之间存在一定关系

对于圆管内层流流动

$$v=\frac{v_{max}}{2}$$

对于圆管内湍流流动

$$v\approx 0.8v_{max}$$

因此，层流运动的截面最大速度比较突出，截面速度分布比较陡峭。由于流体强烈的混合作用，湍流运动的截面速度分布相对均匀一些。如图 2-6b 所示。

知识点三　沿程阻力系数

一、沿程阻力系数的影响因素

层流流动时雷诺数较小，黏性力起着主导作用。层流的阻力也就是黏性阻力，仅仅取决于 Re，而与管壁表面粗糙度无关。湍流流动时雷诺数较大，其阻力由黏性阻力和惯性阻力两部分组成。黏性阻力仍然取决于雷诺数，而惯性阻力受壁面表面粗糙度的影响较大。表面粗糙度对沿程损失的影响不完全取决于管壁表面粗糙突起的绝对高度 K，而且取决于它的相对高度，即粗糙突起的绝对高度 K 与管径 d 的比值，**K/d 称为相对粗糙度，其倒数 d/K 称为相对光滑度**。

因此，对于层流

$$\lambda=f(Re)$$

对于湍流

$$\lambda=f\left(Re,\frac{K}{d}\right)$$

二、尼古拉兹曲线

1. 阻力区域的划分

为了探索沿程阻力系数的变化规律，尼古拉兹利用均匀的砂粒，在管内人为地造成 $K/d=\frac{1}{1014}\sim\frac{1}{30}$的六种不同的相对粗糙度。利用类似于雷诺试验的装置对不同相对粗糙度的管道进行了试验，测定不同流量下的平均流速和沿程损失，并计算 Re 和 λ。

$$Re=\frac{vd}{\nu} \tag{2-10}$$

$$\lambda=\frac{d}{l}\frac{2g}{v^2}h_f \tag{2-11}$$

把计算得到的 Re 和 λ 以 $\frac{K}{d}$ 为参数绘制在双对数坐标图上，得到了图 2-7 所示的尼古拉兹曲线。

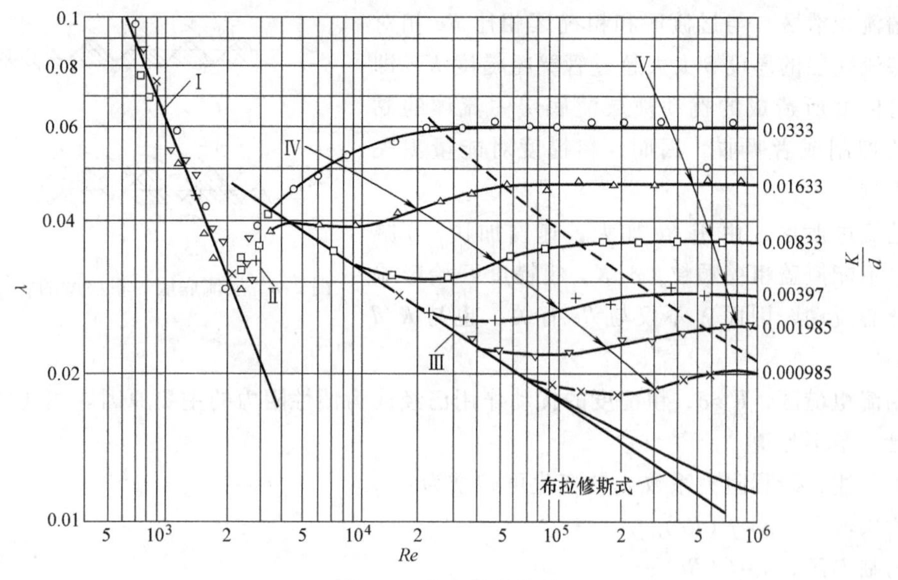

图 2-7　尼古拉兹曲线

2. 五个阻力区

如图 2-7 所示，曲线明显地分成了五个区域。

Ⅰ为层流区。$Re<2000$，所有试验点尽管相对粗糙度不同，都落在了一条直线上。说明在此区域，λ 与粗糙度无关。根据试验曲线得到了层流区的沿程阻力系数计算公式

$$\lambda=\frac{64}{Re} \tag{2-12}$$

只要知道雷诺数，就可按此公式计算层流的沿程阻力系数。对层流的理论分析得到了相同的答案，理论解与试验解相互得到了验证。上式表明，在层流范围内，Re 越大则 λ 越小。

Ⅱ为临界区。$Re=2000\sim4000$，它是层流向湍流的过渡阶段，λ 随 Re 的增大而增大，这与层流区的规律相反，但却同样与粗糙度无关。

Ⅲ为湍流光滑区。$Re>4000$，不同相对粗糙度的试验点起初都集中在曲线Ⅲ上。随着 Re 的增大，相对粗糙度较大的管道，其试验点在 Re 较低时就偏离曲线Ⅲ；而相对粗糙度较小的管道，其试验点要在 Re 较大时才偏离光滑区。在区域Ⅲ范围内，λ 只与 Re 有关，而与 K/d 无关。

Ⅳ为湍流过渡区。此区内试验点已偏离光滑区曲线，不同相对粗糙度的点各自分散成一条条曲线。因此，λ 既与 Re 有关，也与 K/d 有关。

Ⅴ为湍流粗糙区。在这个区域内，不同相对粗糙度的曲线形成与横坐标基本平行的直线，λ 只与 K/d 有关，而与 Re 无关。沿程损失与速度的平方成正比，因而又称为阻力平方区。

由此，湍流分成了三个阻力区，且各区 λ 的变化规律有较大的区别，其原因要从层流底层说起。湍流流动在靠近管壁处实际上有一层薄薄的流层，由于黏性力的作用较为明显，

该层的流动较为缓慢，显示出层流的特征，称为层流底层。层流底层与粗糙度 K 的相对高度对 λ 有较大的影响，如图 2-8 所示。

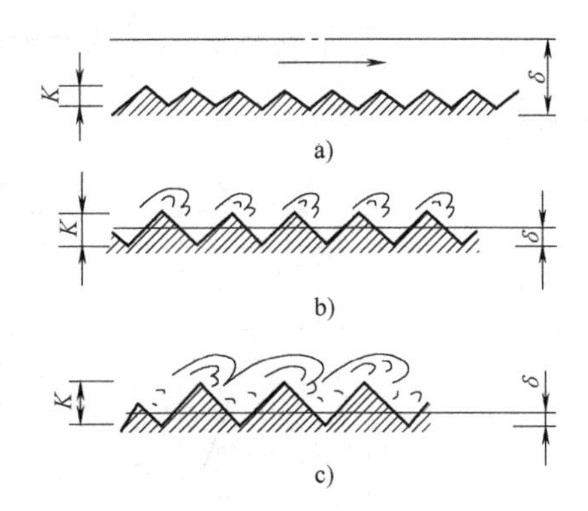

图 2-8　层流底层与粗糙度的相对高度

在湍流光滑区，与过渡区和粗糙区相比 Re 相对较小，层流底层的厚度 δ 大大超过管壁粗糙度 K，即 $\delta \gg K$。粗糙度所造成的扰动被层流底层中流体的黏性作用所抑制或者吸收。因而，粗糙度对能量损失不产生影响。

在湍流过渡区，由于 Re 加大，速度加快，δ 减小，已经不能掩盖粗糙颗粒，$\delta<K$。粗糙度开始影响到湍流核心流动，因而 λ 不仅与 Re 有关，也与 K/d 有关。

在湍流粗糙区，$K \gg \delta$，粗糙度的扰动作用已经成为惯性阻力的主要原因。相比之下，Re 的影响已经微不足道。

综上所述，沿程阻力系数 λ 的变化可归结为：

Ⅰ为层流区，$\lambda=f_1(Re)$；

Ⅱ为临界区，$\lambda=f_2(Re)$；

Ⅲ为湍流光滑区，$\lambda=f_3(Re)$；

Ⅳ为湍流过渡区，$\lambda=f_4(Re，K/d)$；

Ⅴ为湍流粗糙区（阻力平方区），$\lambda=f_5(K/d)$

尼古拉兹曲线反映了 λ 的变化规律及影响因素，为湍流 λ 的计算提供了依据。

三、工业管道湍流沿程阻力系数计算

1. 莫迪图与当量糙粒高度

尼古拉兹试验揭示了管内流体流动过程中沿程阻力的规律及影响因素。然而尼古拉兹曲线却不能用于查取所需沿程阻力系数，从而计算沿程压力。因为尼古拉兹试验是针对人工粗糙管进行的，工业生产中所用的实际管道的粗糙度不似人工粗糙管那么均匀，所以将尼古拉兹曲线直接用于工业管道会有一些出入。为此，莫迪绘制了反映工业管道 Re、相对粗糙度 K/d 和 λ 对应关系的莫迪图（图 2-9），在图上根据 Re 和 K/d 可以查出工业管道的 λ 值。

莫迪图同样反映沿程阻力分区的规律，而图中的数据又可以用于实际工程计算，因此具有实用价值。使用莫迪图时要注意以下几个问题：

1）莫迪图中，右侧纵坐标为 K/d，其中 K 为当量糙粒高度，它是与工业管道粗糙区 λ 相等的同直径尼古拉兹粗糙管的糙粒高度。表 2-1 中列出了常用工业管道的当量糙粒高度。而在阻力光滑区，莫迪图的曲线与尼古拉曲线是重叠的。

2）若 K/d 之值介于莫迪图中绘出的两条曲线之间（如 $K/d=0.0015$），则无现成的试验曲线可查。此时，可根据上两条曲线的走向趋势找出一条虚拟曲线，再确定该曲线与 Re 的交点，然后找出左侧对应纵坐标上的 λ 值。

3）图中纵、横坐标之值均为对数坐标，查取数据时要非常地仔细，否则会引起较大误差，或者使 Re 与 K/d 的交点落在光滑区的下面部分。

4）根据 Re 和 K/d 在莫迪图中的交点位置可以判定所属的阻力区，从而用相应公式进行计算，而无需再进行判定计算。

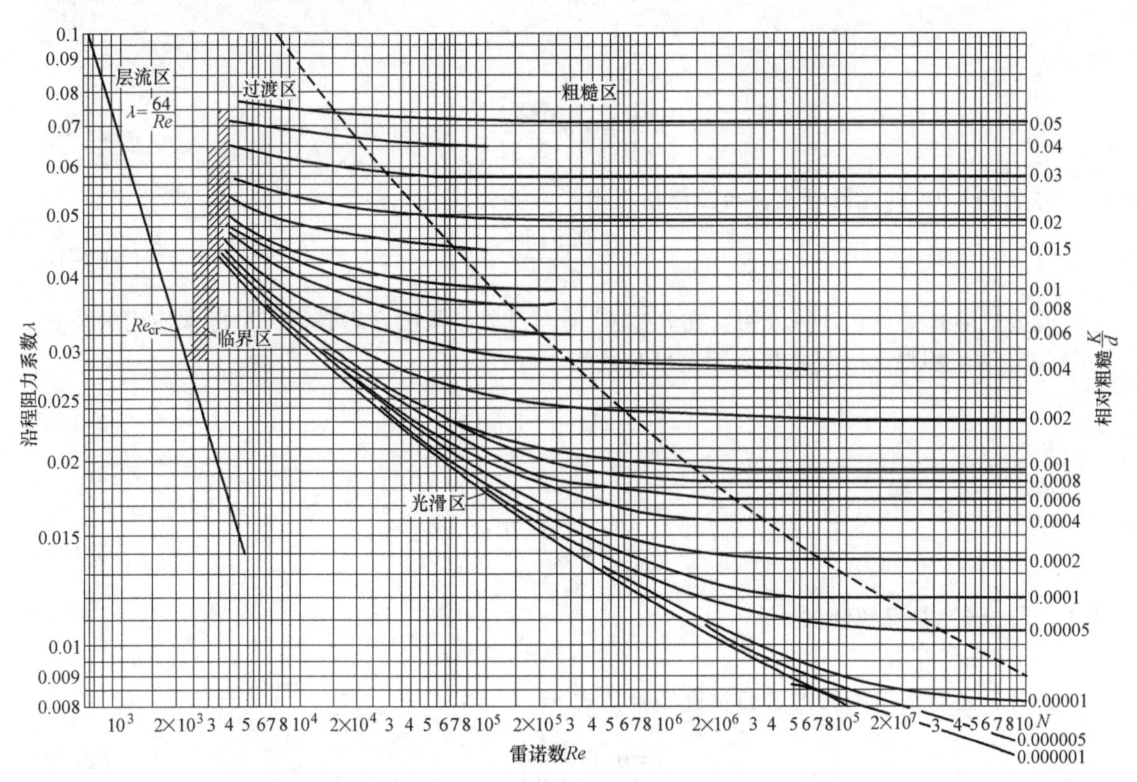

图 2-9 莫迪图

表 2-1 常用工业管道当量糙粒高度

管道材料	K/mm	管道材料	K/mm
钢板制风管	0.15(引自全国通用通风管道计算表)	竹风道	0.8~1.2
塑料板制风管	0.01(引自全国通用通风管道计算表)	铅管、铜管、玻璃管	0.01 光滑(以下引自莫迪当量粗糙图)
矿渣石膏板风管	1.0(以下引自采暖通风设计手册)	镀锌钢管	0.15
表面光滑砖风道	4.0	钢管	0.046
矿渣混凝土板风道	1.5	涂沥青铸铁管	0.12
铁丝网抹灰风道	10~15	铸铁管	0.25
胶合板风道	1.0	混凝土管	0.3~3.0
地面沿墙砌制风道	3~6	木条拼合圆管	0.18~0.9
墙内砌砖风道	5~10		

2. 湍流沿程阻力系数λ 的计算公式

湍流沿程阻力系数可以采用莫迪图确定，也可以采用公式计算。这里介绍的公式是半经验公式或纯经验公式，尽管在理论上不够严密，但却与试验资料吻合得较好。

（1）临界区　在 $Re=2000\sim4000$ 的临界过渡区内，可采用扎依琴柯的 λ 计算式

$$\lambda=0.0025\sqrt[3]{Re} \tag{2-13}$$

（2）湍流光滑区　尼古拉兹光滑区公式为

$$\frac{1}{\sqrt{\lambda}}=2\lg Re\sqrt{\lambda}-0.8 \tag{2-14a}$$

或写为

$$\frac{1}{\sqrt{\lambda}}=2\lg\frac{Re\sqrt{\lambda}}{2.51} \tag{2-14b}$$

对于 $Re<10^5$ 的光滑管流，布拉修斯提出了经验公式

$$\lambda=\frac{0.3164}{Re^{0.25}} \tag{2-15}$$

此公式形式简单，计算方便，在 $Re<10^5$ 时与试验结果吻合得较好，是经常使用的公式。

（3）湍流粗糙区　尼古拉兹粗糙区公式为

$$\frac{1}{\sqrt{\lambda}}=2\lg\frac{r}{K}+1.74 \tag{2-16a}$$

或

$$\frac{1}{\sqrt{\lambda}}=2\lg\frac{3.7d}{K} \tag{2-16b}$$

式中　K——当量糙粒高度；

　　r——管半径。

此外，还有简单实用的希弗林逊经验公式

$$\lambda=0.11\left(\frac{K}{d}\right)^{0.25} \tag{2-17}$$

（4）湍流过渡区　柯列勃洛克根据大量的工业管道试验资料，提出了过渡区 λ 的计算公式，简称柯氏公式

$$\frac{1}{\sqrt{\lambda}}=-2\lg\left(\frac{K}{3.7d}+\frac{2.51}{Re\sqrt{\lambda}}\right) \tag{2-18}$$

上式是尼古拉兹光滑区公式和粗糙区公式的机械组合。当 Re 很小时，式（2-18）右边括号内第二项很大，第一项相对很小，公式接近尼古拉兹光滑区公式；当 Re 很大时，第二项很小，公式接近尼古拉兹粗糙区公式。柯氏公式所代表的曲线以光滑区斜线和粗糙区水平线为渐近线，它不仅适用于过渡区，也适用于湍流的三个阻力区。因此，又称为湍流的综合公式。

柯氏公式形式复杂，求解困难。为了简化计算，又出现了一些较为简单的经验公式，比如阿里托苏里公式

$$\lambda=0.11\left(\frac{K}{d}+\frac{68}{Re}\right)^{0.25} \tag{2-19}$$

式（2-19）也是适用于三个区的综合公式。当 Re 很小时，括号内第一项可以忽略，上式成为光滑区布拉修斯公式；当 Re 很大时，括号内第二项可以忽略，公式与湍流粗糙区希弗林逊公式相同。

3. 洛巴耶夫判别式

分区计算 λ，首先要准确地判定湍流所处的区域，然后才能选用恰当的公式进行计算。

如前所述，用莫迪图进行判别是一种方法。此处，同时推荐适用于钢管和铁皮风管的洛巴耶夫判别式

$$\left.\begin{aligned}&\text{光滑区} \quad v<11\left(\frac{\nu}{K}\right)\\&\text{过渡区} \quad 11\left(\frac{\nu}{K}\right)\leqslant v<445\left(\frac{\nu}{K}\right)\\&\text{粗糙区} \quad v\geqslant 445\left(\frac{\nu}{K}\right)\end{aligned}\right\} \tag{2-20}$$

式中　v——断面平均流速；

ν——流体运动黏度。

4. 圆管沿程阻力系数计算公式小结

现将计算圆管湍流三个区沿程阻力系数的常用公式，连同层流和临界过渡区的计算公式总结于表2-2中，以方便使用。

表2-2　圆管λ主要计算公式

流态	Re	阻力区	沿程损失系数 λ
层流	<2000		$\lambda=\frac{64}{Re}$
临界	2000~4000		$\lambda=0.0025\sqrt[3]{Re}$（扎依琴柯公式）
湍流	>4000	光滑区 $v<11\left(\frac{\nu}{K}\right)$	$\frac{1}{\sqrt{\lambda}}=2\ln(Re\sqrt{\lambda})-0.80$ $\lambda=\frac{0.3164}{Re^{0.25}}$
		过渡区 $11\left(\frac{\nu}{K}\right)<v<445\left(\frac{\nu}{K}\right)$	$\frac{1}{\sqrt{\lambda}}=-2\ln\left(\frac{K}{3.7d}+\frac{2.51}{Re\sqrt{\lambda}}\right)$ $\lambda=0.11\left(\frac{K}{d}+\frac{68}{Re}\right)^{0.25}$
		粗糙区 $v>445\left(\frac{\nu}{K}\right)$	$\frac{1}{\sqrt{\lambda}}=2\ln\frac{3.7d}{K}$ $\lambda=0.11\left(\frac{K}{d}\right)^{0.25}$

例2-2　温度 $t=10℃$ 的水在管径 $d=100\text{mm}$ 的圆管中流动，雷诺数 $Re=80000$。试分别计算下列三种情况下的沿程阻力系数 λ：

（1）管内壁为 $K=0.15\text{mm}$ 的均匀砂粒人工粗糙管。

（2）光滑铜管（即流动处于湍流光滑区）。

（3）工业管道，其当量糙粒高度 $K=0.15\text{mm}$。

解：（1）因为是人工粗糙管，根据

$$Re=80000$$

$$\frac{K}{d}=\frac{0.15}{100}=0.0015$$

查尼古拉兹曲线，得 $\lambda=0.02$。

（2）由于 $Re<10^5$，可采用布拉修斯公式进行计算

$$\lambda=\frac{0.3164}{Re^{0.25}}=0.0188$$

（3）对于当量糙粒高度 $K=0.15\text{mm}$ 的工业管道，根据 $Re=80000$ 和 $\frac{K}{d}=0.0015$，查莫迪图可得 $\lambda\approx0.024$。

$t=10℃$ 时，$\nu=1.3\times10^{-6}\text{m}^2/\text{s}$，则

$$v=\frac{Re\nu}{d}=\frac{80000\times1.3\times10^{-6}}{100\times10^{-3}}\text{m/s}=1.04\text{m/s}$$

$$\frac{\nu}{K}=\frac{1.3\times10^{-6}}{0.15}=8.67\times10^{-6}$$

显然，$v>445\left(\frac{\nu}{K}\right)=3.86\times10^{-3}\text{m/s}$。

因此，流动处于湍流粗糙区，可采用希弗林逊公式进行计算

$$\lambda=0.11\left(\frac{K}{d}\right)^{0.25}=0.11\times(0.0015)^{0.25}=0.022$$

还可采用尼古拉兹粗糙区公式进行计算

$$\frac{1}{\sqrt{\lambda}}=2\lg\frac{3.7d}{K}=2\lg\frac{3.7}{0.0015}=6.784$$

$$\lambda=\left(\frac{1}{6.784}\right)^2=0.022$$

三种方式得到的结果非常接近，后面两种公式的计算结果完全一样。

例 2-3 某热水采暖管道，水温 $t=80℃$，$v=0.7\text{m/s}$，$d=50\text{mm}$，管长 $l=10\text{m}$，管壁当量糙粒高度 $K=0.2\text{mm}$，试求沿程阻力系数、沿程损失和沿程压力损失。

解： $t=80℃$ 时，$\nu=0.0037\text{cm}^2/\text{s}=0.37\times10^{-6}\text{m}^2/\text{s}$

$$Re=\frac{vd}{\nu}=\frac{0.7\times50\times10^{-3}}{0.37\times10^{-6}}=94594>2000$$

故流动为湍流。

用莫迪图查 λ，根据 $Re=94594$，$\frac{K}{d}=\frac{0.2}{50}=0.004$，查图得 $\lambda=0.03$。

在用公式进行计算之前，先进行判别：

$$11\left(\frac{\nu}{K}\right)=11\times\left(\frac{0.37\times10^{-6}}{0.2\times10^{-3}}\right)=0.0019$$

$$445\left(\frac{\nu}{K}\right)=445\times\left(\frac{0.37\times10^{-6}}{0.2\times10^{-3}}\right)=0.82$$

因此 $11\left(\frac{\nu}{K}\right)<v<445\left(\frac{\nu}{K}\right)$

即流动处于湍流过渡区，采用阿里托苏里公式计算

$$\lambda=0.11\left(\frac{K}{d}+\frac{68}{Re}\right)^{0.25}=0.11\left(\frac{0.2}{50}+\frac{68}{94594}\right)^{0.25}=0.029$$

计算结果与查图所得 λ 极为接近。

计算沿程损失：

$$h_f=\lambda\frac{l}{d}\frac{v^2}{2g}=0.029\times\frac{10}{50\times10^{-3}}\times\frac{(0.7)^2}{2\times9.81}mH_2O=0.145mH_2O$$

计算沿程压力损失：当 $t=80℃$ 时，$\rho=971.8kg/m^3$，则

$$p_f=\rho gh_f=971.8\times9.81\times0.145Pa=1382.34Pa$$

5. 非圆管内流动的沿程损失

上述关于 λ 的计算仅适用于圆管内的流体流动，而工业生产中常常会使用一些非圆管道，这时可利用当量直径把非圆管折合成圆管，根据圆管得到的公式和图表就适用于非圆管了。

因此，计算非圆管的当量直径，将 $Re=\frac{vd_e}{\nu}$、相对当量粗糙度 $\frac{K}{d_e}$ 代入圆管沿程阻力系数计算公式计算 λ，或者查表得到 λ 后，按下式计算沿程阻力

$$h_f=\lambda\frac{l}{d_e}\frac{v^2}{2g}\tag{2-21}$$

6. 沿程阻力系数的工程计算方法

沿程阻力系数的工程计算法即比摩阻计算法，这种方法适用于粗略计算，在项目一中已作介绍，这里不再赘述。

四、局部损失计算

管路系统中安装的阀门、弯头、大小头、三通等管件都会造成局部阻力。流体流经这些管件时，由于流道边壁的急剧改变，无法与管道壁面完全吻合，从而造成局部区域流体与边壁的脱离。由于流体的脱离，在这些区域会形成大量的旋涡，造成局部能量损失。局部损失均按流速水头的倍数来计算，即

$$h_m=\zeta\frac{v^2}{2g}$$

从而使 h_m 的计算转化为 ζ 的计算。一般说来，ζ 仅与形成局部阻力的管件几何形态有关，而与 Re 无关。因而计算 ζ 无需判断流态，只需按管件形状选择公式即可。

h_m 的计算涉及 ζ 和速度水头 $\frac{v^2}{2g}$，而造成局部能量损失的管件前后均有流速，有时前后速度并不相同。因此，ζ 的计算总要针对相应的速度，二者之间的匹配应严格和准确。一般说来，当管件前后流速不同时，针对前后不同的速度 v_1 和 v_2，会有相应的两个阻力系数 ζ_1 和 ζ_2，对应关系不能混乱。若未加说明，则 ζ 仅与管件后流速 v_2 对应。管件前后流速相同时，则不存在上述问题。然而，无论何种情况，v_1 和 v_2 都是指管件前后一段距离的缓变流断面的平均流速。

1. 局部阻力系数的计算

（1）管径突然扩大　如图 2-10 所示，管径突然扩大时，会形成局部的涡旋，造成局部

损失。局部阻力系数计算及所取速度分别如下

$$h_m = \zeta_1 \frac{v_1^2}{2g}$$

$$\zeta_1 = \left(1 - \frac{A_1}{A_2}\right)^2 \tag{2-22a}$$

$$h_m = \zeta_2 \frac{v_2^2}{2g}$$

$$\zeta_2 = \left(\frac{A_2}{A_1} - 1\right)^2 \tag{2-22b}$$

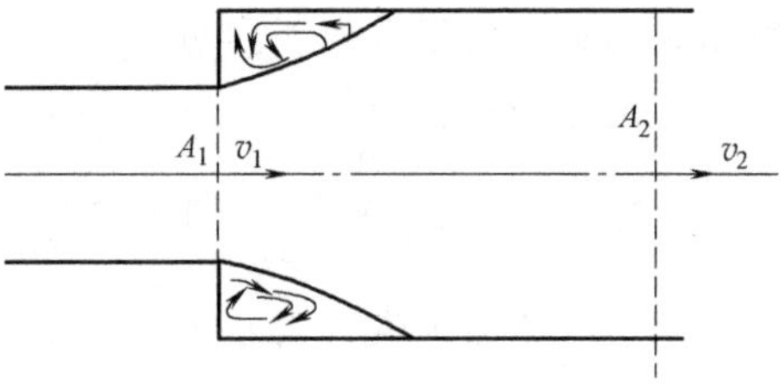

图 2-10　突然扩大管

针对不同的速度，有不同的局部阻力系数计算公式。

（2）管径逐渐扩大　由于管径突然扩大的能量损失较大，一般均采用渐扩管。渐扩管较长，能量损失包括沿程损失和局部损失两部分，相对于 v_1 的阻力系数公式为

$$\zeta_1 = \frac{\lambda}{8\sin\frac{\theta}{2}}\left(1 - \frac{A_1}{A_2}\right)^2 + K\left(\tan\frac{\theta}{2}\right)^{1.25}\left(1 - \frac{A_1}{A_2}\right)^2 \tag{2-23}$$

式中　λ——沿程阻力系数；

θ——管的扩张角，如图 2-11 所示；

K——与 θ 有关的系数，当 $\theta = 10° \sim 40°$时，圆锥管 $K = 4.8$，方形锥管 $K = 9.3$；当 $\theta < 10°$时，等式右边第二项可以略去。

（3）管径突然收缩　此时的阻力系数公式为

$$\zeta = 0.5\left(1 - \frac{A_2}{A_1}\right) \tag{2-24}$$

ζ 主要取决于面积比，参见图 2-12。

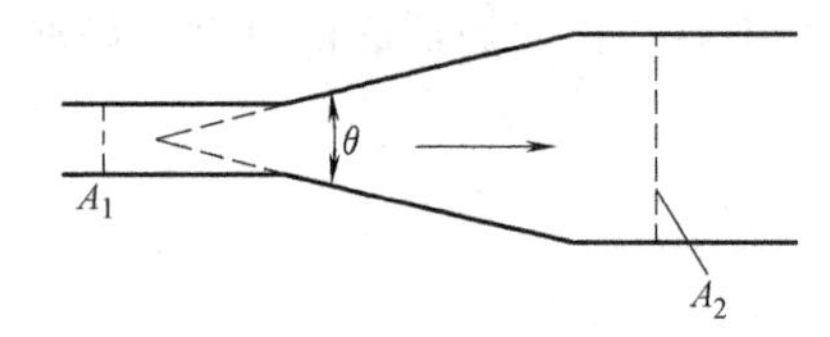

图 2-11　逐渐扩大管

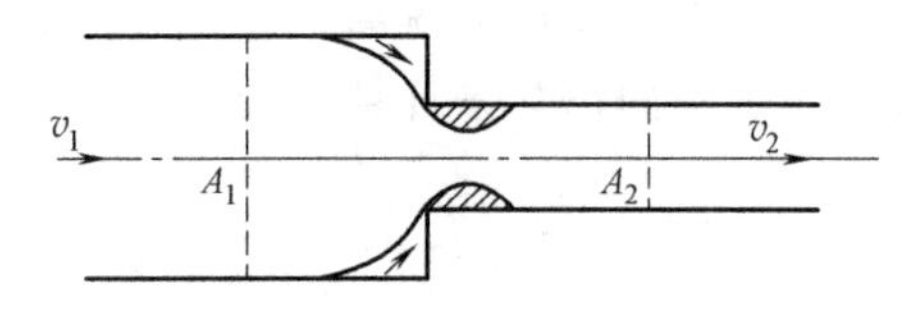

图 2-12　突然收缩管

（4）管径逐渐缩小　如图 2-13 所示，当 $\theta < 30°$时，沿程阻力损失是主要的，阻力系数的计算公式为

$$\zeta = \frac{\lambda}{8\sin\frac{\theta}{2}}\left[1 - \left(\frac{A_1}{A_2}\right)^2\right] \tag{2-25}$$

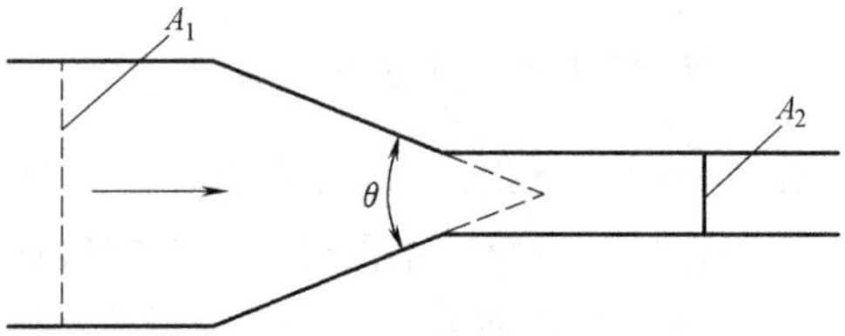

图 2-13　逐渐收缩管

（5）管道进口　不同的管道进口形式所造成的局部阻力系数有所差异，图 2-14 所示为 4 种常见的管进口形式及相应的局部阻力系数。

（6）阀门　常见的阀门有闸阀、旋塞阀及蝶阀，如图 2-15 所示，其局部阻力系数与开

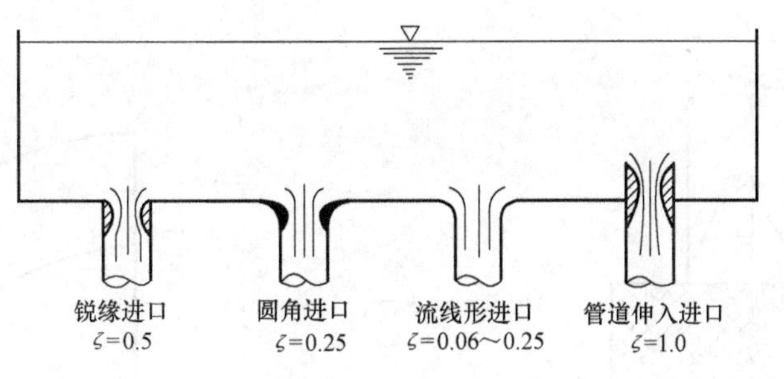

图 2-14 管道进口

度 h/d 或转角 θ 有关，具体数据见表 2-3。

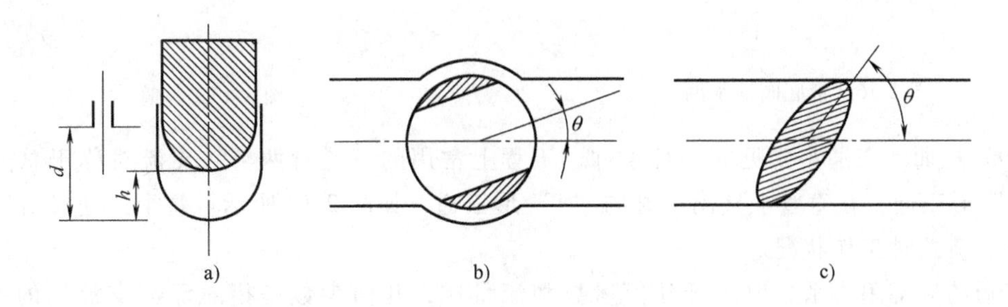

图 2-15 各种阀门

a）闸阀 b）旋塞阀 c）蝶阀

表 2-3 闸阀、旋塞阀、蝶阀的 ζ 值

闸阀	h/d	全开	7/8	6/8	5/8	4/8	3/8	2/8	1/8	
	ζ	0.05	0.07	0.26	0.81	2.06	5.52	17	97.8	
旋塞阀	θ	5	10	15	20	25	30	40	50	60
	ζ	0.05	0.29	0.75	1.56	3.1	5.47	17.3	52.6	206
蝶阀	θ	5	10	15	20	25	30	40	50	60
	ζ	0.25	0.52	0.9	1.54	2.51	3.91	10.8	32.6	118

（7）过滤网格 图 2-16 所示为水泵吸入口带底阀的滤水网，其阻力系数见表 2-4。

表 2-4 带底阀滤水网的 ζ 值

管径 d/mm	40	50	70	100	150	200	300	500	750
ζ	12	10	8.5	7	6	5.2	3.7	2.5	1.6

（8）弯管 在 $r_c/d=0.5\sim4$ 的情况下（图 2-17）：

$\theta=90°$时，$\zeta_{90}=0.3\sim1.2$；

$\theta=30°$时，$\zeta_{30}=0.55\zeta_{90}$；

$\theta=45°$时，$\zeta_{45}=0.7\zeta_{90}$；

$\theta=180°$时，$\zeta_{180}=1.33\zeta_{90}$；

其中，r_c 为管轴心处的半径。

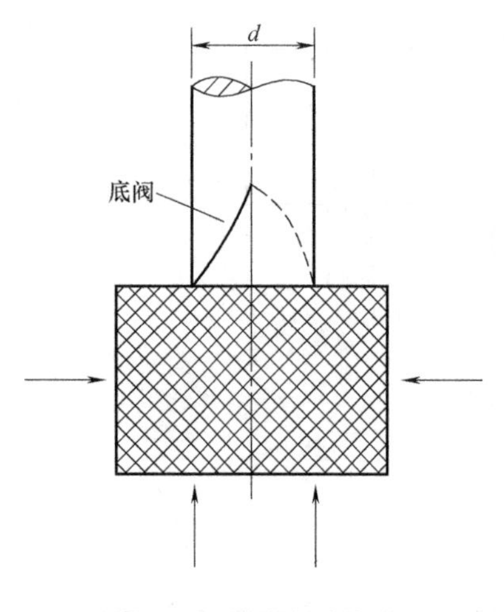

图 2-16　带底阀滤水网

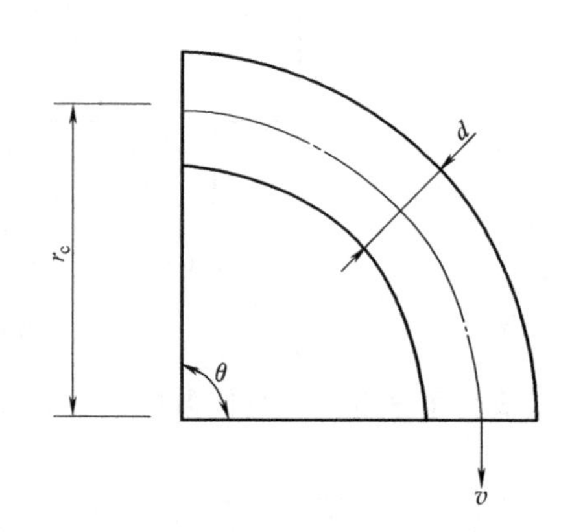

图 2-17　弯管

(9) 三通　三通是常见的一种管件，工程上常用的三通有两类：支流对称于总流轴线的“Y”形三通；在直管上接出支管的“T”形三通，如图 2-18 所示。每个三通又可以分为分流和合流两种工作状况。

三通的局部阻力系数取决于几何参数和流量比，几何参数是指总流与支流间的夹角 α 和面积比 A_1/A_3 或 A_2/A_3，流量比是指 q_1/q_2 或 q_2/q_3。

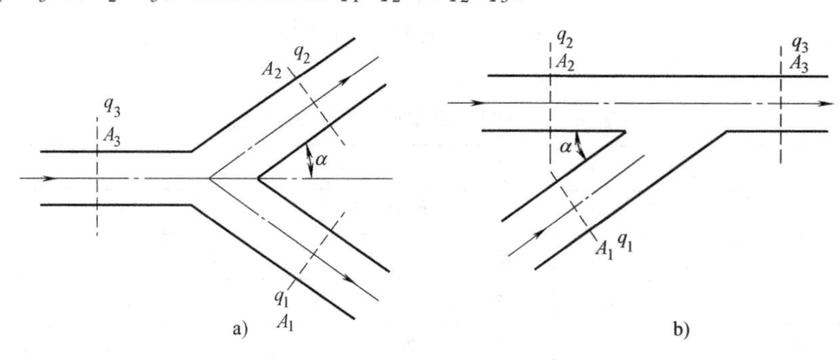

图 2-18　三通的两种主要类型

a)“Y”形三通　b)“T”形三通

图 2-19 给出了 $A_1=A_2=A_3$ 和 $\alpha=45°$或 90°的“T”形三通的阻力系数值，此处对应的是总管的流速水头$\dfrac{v_3^2}{2g}$。其他有关三通 ζ 的计算资料可在相关手册中查出。

计算三通局部阻力系数时，应注意以下问题：

1) 三通有两个支管，因而有两个阻力系数，计算时必须选用和支管相应的阻力系数。图 2-19 中就有 ζ_{13}、ζ_{23}、ζ_{31}、ζ_{32}之分，不同的阻力系数用在不同的能量方程中。

2) 三通前后有不同的流速，在选用 ζ 时应准确找出与其对应的流速水头。

3) 合流三通的局部阻力系数常出现负值，这说明经三通后流体能量并未损失，反倒有所增加。当两股不同速度的流股汇合时，会发生能量的交换。高速流股将一部分动能传递给了低速流股，使其比能量增加。若低速流股增加的能量超过了流经三通所损失的能量，低速

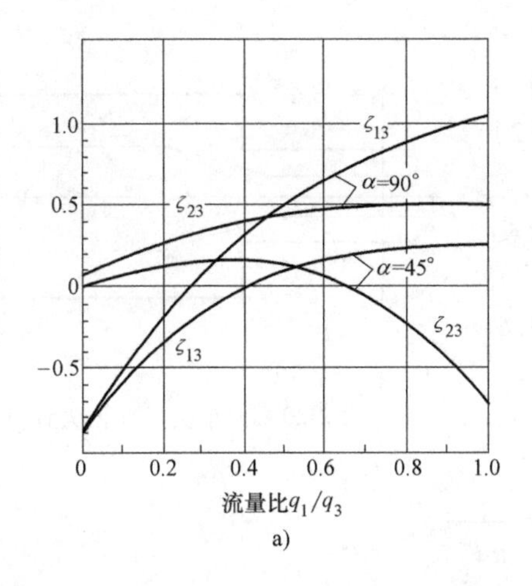

a)

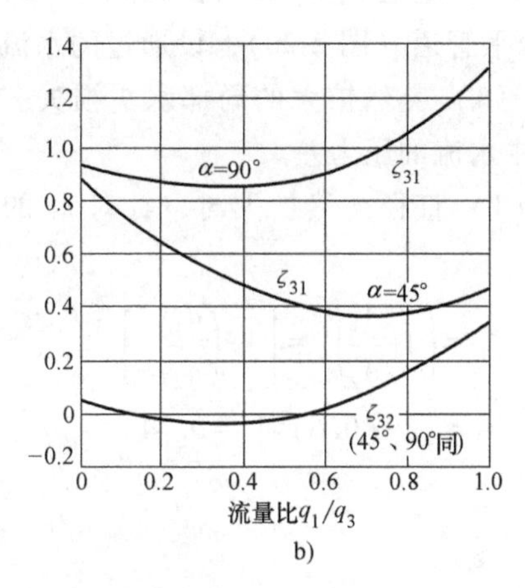

b)

图 2-19　45° 和 90° “T” 形三通的 ζ 值

流股的 ζ 就出现负值。但两股流动的总能量只会减少，不会增加。因此三通两个支管的阻力系数不会同时为负。

在介绍过所有常见局部阻力系数的计算之后，需要附带说明一个问题。如果几个造成局部阻力的管件近距离地串接在一起，则它们相互之间会造成干扰，使总的损失小于各损失的叠加。只有在各管件之间的距离大于管径的 3 倍时，才能简单地叠加。

为了计算方便，表 2-5 中列出了常用管件的局部阻力系数 ζ 值，作为上述内容的补充，供查阅。设计人员还可查阅有关设计手册。

表 2-5　常用管件的局部阻力系数 ζ 值

序号	管件名称	示　意　图	局部阻力系数						
1	折管		α	20°	40°	60°	80°	90°	
			ζ	0.05	0.14	0.36	0.74	0.99	
2	90°弯头（零件）		d/mm	15	20	25	32	40	≥50
			ζ	2.0	2.0	1.5	1.5	1.0	1.0
3	90°弯头（煨弯）		d/mm	15	20	25	32	40	≥50
			ζ	1.5	1.5	1.0	1.0	0.5	0.5
4	止回阀		ζ=1.70						
5	闸阀		d/mm	15	20	25	32	40	≥50
			ζ	1.5	0.5	0.5	0.5	0.5	0.5
6	截止阀		d/mm	15	20	25	32	40	≥50
			ζ	16.0	10.0	9.0	9.0	8.0	7.0

例 2-4 一直径由 d_1 突然扩大到 $d_2(d_1/d_2=0.6)$ 的水平管道（图 2-20），设通过的水流量为 q，试求：（1）突然扩大的局部水头损失。（2）两段管道中水流的压力差。

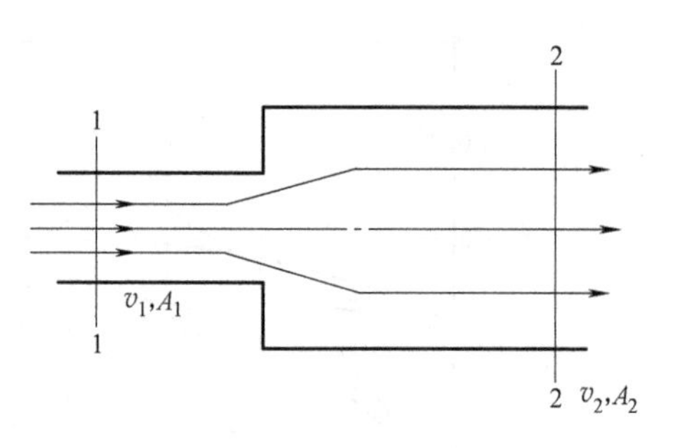

图 2-20　大小头局部损失计算

解：（1）直径突然扩大时，针对 v_1 的水头损失为

$$\zeta_1=\left(1-\frac{A_1}{A_2}\right)^2=\left[1-\left(\frac{d_1}{d_2}\right)^2\right]^2$$

$$=[1-(0.6)^2]^2=0.41$$

$$v_1=\frac{q_1}{A_1}=\frac{4}{\pi d_1^2}q$$

$$h_m=\zeta_1\frac{v_1^2}{2g}=0.41\times\frac{1}{2g}\left(\frac{16}{\pi^2 d_1^4}\right)q^2=\frac{3.28q^2}{g\pi^2 d_1^4}$$

（2）如图 2-20 所示，在突扩前后渐变处取过流断面 1-1 和 2-2，列出两断面间能量方程，忽略沿程损失，有

$$\frac{p_1}{\rho g}+\frac{v_1^2}{2g}=\frac{p_2}{\rho g}+\frac{v_2^2}{2g}+h_m$$

由　$A_1v_1=A_2v_2$

得　$v_2=\frac{A_1}{A_2}v_1=(0.6)^2v_1=0.36v_1$

从而

$$\Delta p=p_2-p_1=\rho g\left(\frac{v_1^2-v_2^2}{2g}-h_m\right)=\rho g\left(\frac{v_1^2-0.36v_1^2}{2g}-h_m\right)$$

$$=\rho g\left(\frac{0.32\times 16q^2}{g\pi^2 d_1^4}-\frac{3.28q^2}{g\pi^2 d_1^4}\right)$$

$$=\frac{1.84\rho q^2}{\pi^2 d_1^4}$$

例 2-5 水箱侧壁接出一根由两段不同管径组成的管道，如图 2-21 所示。已知 $d_1=150\text{mm}$，$d_2=75\text{mm}$，$l=50\text{m}$。管道的当量粗糙度 $K=0.6\text{mm}$，水温为 30℃。若管道的出口流速为 $v_2=2\text{m/s}$，求水位 H。

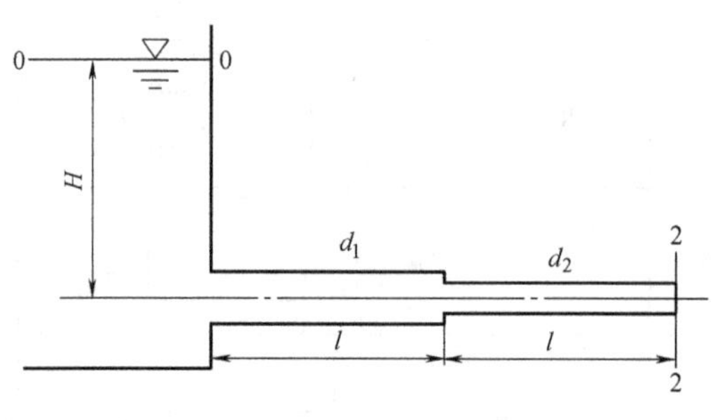

图 2-21　综合计算示例

解：列出自由液面 0-0 与出水口断面 2-2 间的能量方程

$$Z_0+\frac{p_0}{\rho g}+\frac{v_0^2}{2g}=Z_2+\frac{p_2}{\rho g}+\frac{v_2^2}{2g}+\sum h_f+\sum h_m$$

$$H+0+0=0+0+\frac{v_2^2}{2g}+\sum h_f+\sum h_m$$

$$H=\frac{v_2^2}{2g}+\lambda_1\frac{l_1}{d_1}\frac{v_1^2}{2g}+\lambda_2\frac{l_2}{d_2}\frac{v_2^2}{2g}+\zeta_1\frac{v_1^2}{2g}+\zeta_2\frac{v_2^2}{2g}$$

由于
$$v_1=v_2\left(\frac{A_2}{A_1}\right)=v_2\left(\frac{d_2}{d_1}\right)^2=v_2\left(\frac{75}{150}\right)^2=0.25v_2$$

$$H=\frac{v_2^2}{2g}+\lambda_1\frac{l_1}{d_1}(0.25)^2\frac{v_2^2}{2g}+\lambda_2\frac{l_2}{d_2}\frac{v_2^2}{2g}+\zeta_1(0.25)^2\frac{v_2^2}{2g}+\zeta_2\frac{v_2^2}{2g}$$

计算 λ_1、λ_2、ζ_1 和 ζ_2：

当 $t=30$℃时，$\nu=0.804\times10^{-6}\text{m}^2/\text{s}$，$v_1=0.25\times2\text{m/s}=0.5\text{m/s}$

$$Re_1=\frac{v_1d_1}{\nu}=\frac{0.5\times150\times10^{-3}}{0.804\times10^{-6}}=93283>2000$$

$$Re_2=\frac{v_2d_2}{\nu}=\frac{2\times75\times10^{-3}}{0.804\times10^{-6}}=186567>2000$$

故均属湍流流动。

$$\frac{K_1}{d_1}=\frac{0.6}{150}=0.004$$

$$\frac{K_2}{d_2}=\frac{0.6}{75}=0.008$$

从莫迪图查得 $\lambda_1=0.0295$，$\lambda_2=0.0355$。

根据图 2-23，$\zeta_1=0.5$

$$\zeta_2=0.5\left(1-\frac{A_2}{A_1}\right)=0.5\times\left[1-\left(\frac{75}{150}\right)^2\right]=0.375$$

$$H=\frac{v_2^2}{2g}+0.0295\times\frac{50}{0.15}\times0.0625\times\frac{v_2^2}{2g}+0.0355\times\frac{50}{0.075}\times\frac{v_2^2}{2g}+0.5\times0.0625\times\frac{v_2^2}{2g}+0.375\times\frac{v_2^2}{2g}$$

$$=25.69\frac{v_2^2}{2g}=25.69\times\frac{4}{2\times9.81}\text{m}=5.24\text{m}$$

2. 减少阻力的措施

减少阻力就能减少流体流动的能量损失，从而降低水泵、风机、油泵等流体机械的能耗，同时也降低了噪声。这对节约能源、减少噪声污染有重大的意义和经济价值。

减少阻力的途径有两个：其一是在流体中加入极少量的添加剂，以减小流体与固体壁面的摩擦阻力，此法称为添加剂减阻法，其在应用中会受到一定限制；其二是改善流道固体壁面对流动的不利影响，这方面有以下措施：

1）减小管壁粗糙度，或用柔性软管代替刚性管。

2）改善造成局部阻力的管件流道形状。

3）采用渐变的、平顺的管道进口，有利于减少阻力。

4）采用扩散角较小的渐扩管有利于减阻，图 2-22 所示两种形式均可减少阻力，但图 2-22a所示形式采用平滑的过渡，且扩散角较小，其阻力系数比图 2-22b 所示台阶式渐扩要小得多。

5）弯管的阻力系数与 R/d 有关，其中 R 为弯管弯曲半径，d 为管道直径。表 2-6 中所

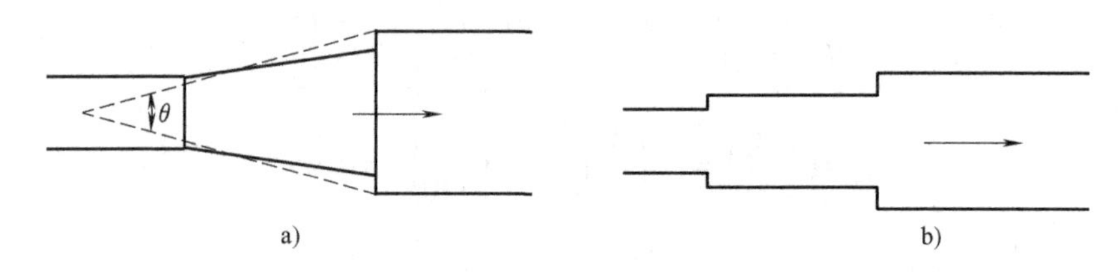

图 2-22　复合式渐扩管和台阶式渐扩管

列为 90°弯管在不同 R/d 时的 ζ 值。$R/d<1$ 时，ζ 随 R/d 的减小而增大；$R/d>3$ 之后，ζ 又随 R/d 的加大而增大。总体看来，R/d 较大时 ζ 较小，因此应在可能的条件下选择较大的 R/d，以减小局部阻力。

表 2-6　不同 R/d 时 90°弯管的 ζ 值（$Re=10^6$）

R/d	0	0.5	1	2	3	4	6	10
ζ	1.14	1.00	0.246	0.159	0.145	0.167	0.20	0.24

对于断面很大的弯管，只能采用较小的 R/d 值，这时可在弯管内设置导流叶片，使流体流动与管道壁面较好地吻合，避免流体与壁面分离，减少或消灭旋涡区。图 2-23 所示为风管弯管部分常用的导流叶片，其减阻效果可达 70%。

6）三通。按图 2-24 所示方向减小支流管与总流管之间的夹角，即使切割成图示 45°的斜角都能减少阻力。如能改为圆角，则性能会更好。总之，分析管件造成阻力的原因，改善其流动状况将有利于减少阻力。

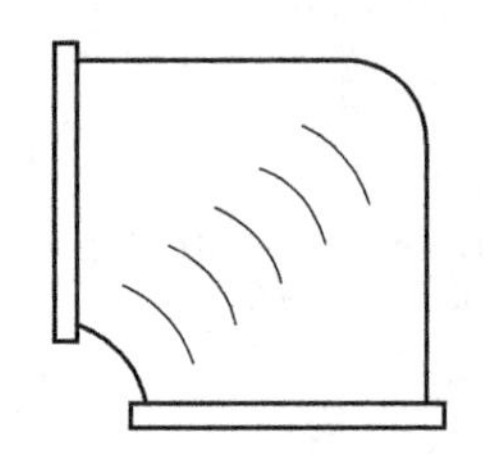

图 2-23　弯管导流叶片

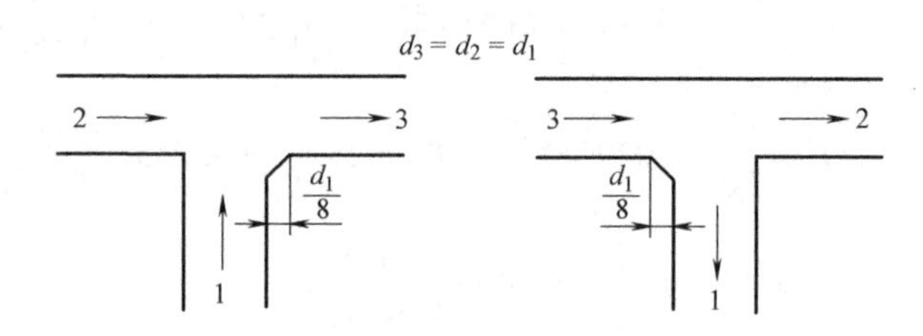

图 2-24　切割折角的“T”形三通

五、复杂管路的阻力计算

1. 管路系统的分类

在项目一里，管路分为长管和短管。下面介绍其他管路分类方法。

管径及流量沿程没有发生变化的管路称为简单管路；管径及流量沿程发生变化的管路称为复杂管路。按管路的布置情况，复杂管路可分为串联管路、并联管路和分支管路。根据分支管路的特点，又可将其分为枝状管网和环状管网。

其中，由不同直径的管段首尾相连组成的管路系统称为串联管路；具有相同起始点和汇合点（又称节点）的管路所组成的管路系统称为并联管路。枝状管网如图 2-25 所示，环状管网如图 2-26 所示。枝状管路广泛存在于通风、空调、暖通和城市给排水工程中，而环状管网系统较为复杂，在暖通、空调和通风工程中较少出现，只在较为复杂的城市给排水工程中有所应用。

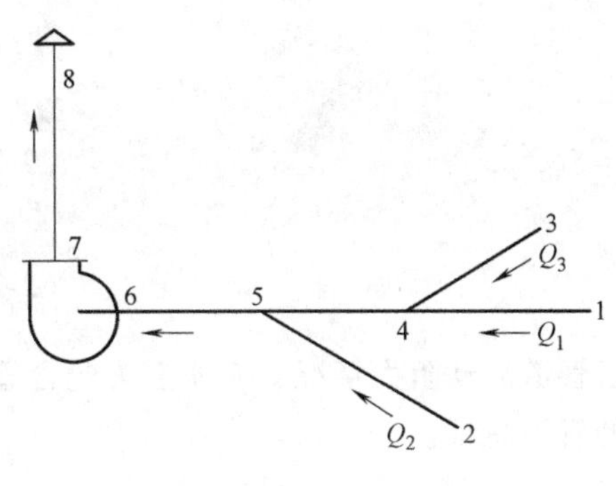

图 2-25　枝状管网

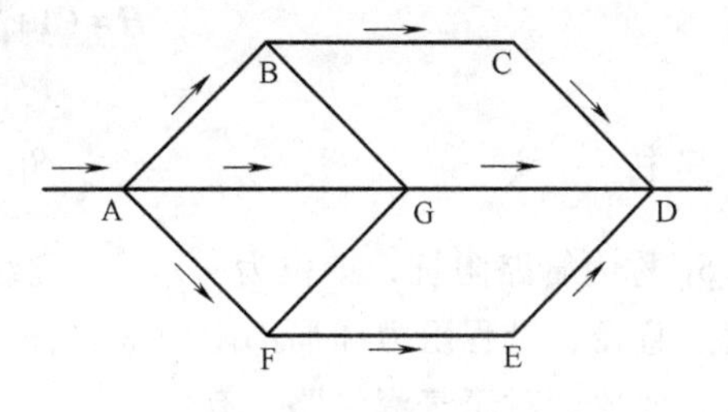

图 2-26　环状管网

2. 管路阻抗

(1) 短管的阻抗　短管的计算包括沿程损失、局部损失和出口速度水头。现以图 2-27 所示的等直径管路为例加以说明。

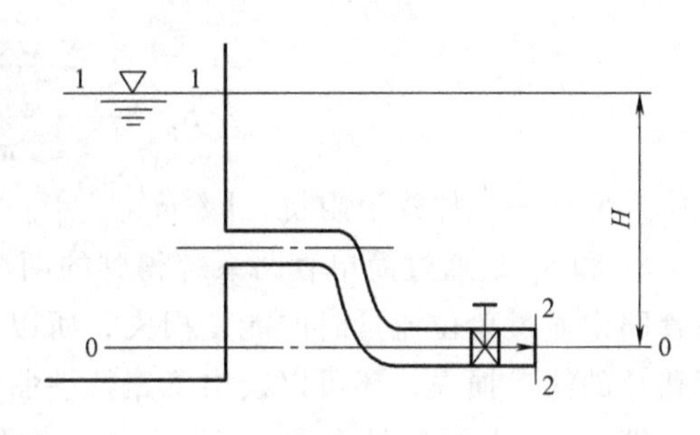

图 2-27　短管流动

以图 2-27 所示 0-0 为基准面，对自由液面 1-1 和出口截面 2-2 列出能量方程

$$H+\frac{p_b}{\rho g}+\frac{v_1^2}{2g}=\frac{p_2}{\rho g}+\frac{v_2^2}{2g}+h_f+h_m$$

液体从大容器流入管道，自由液面 1-1 的下降速度 $v_1=0$，$p_2=p_b$，故

$$H=\frac{v_2^2}{2g}+h_f+h_m$$

对于等直径管道，各管段中的流速相等，所以有

$$h_f=\sum\lambda_i\frac{l_i}{d_i}\frac{v_2^2}{2g}$$

$$h_m=\sum\zeta_j\frac{v_2^2}{2g}$$

式中，下标 i 代表各部分直管，对于图示系统，因为直径相同，所以可以用总长代替；j 包括容器出口（即管道入口）、两个弯头和控制阀 4 个部件。代入能量方程可得

$$H=\left(1+\sum\lambda_i\frac{l_i}{d_i}+\sum\zeta_j\right)\frac{v_2^2}{2g}$$

令

$$\zeta_e=\sum\lambda_i\frac{l_i}{d_i}+\sum\zeta_j$$

则

$$H=(1+\zeta_e)\frac{v_2^2}{2g}$$

若流体体积流量为 q，则

$$v_2=\frac{q}{\pi d^2/4}$$

$$\frac{v_2^2}{2g}=\frac{8q^2}{\pi^2 d^4}$$

$$H=(1+\zeta_e)\frac{8q^2}{g\pi^2 d^4}=S_h q^2 \tag{2-26}$$

其中

$$S_h=\frac{8(1+\zeta_e)}{g\pi^2 d^4} \tag{2-27}$$

S_h 称为管路阻抗，单位为 s^2/m^5，它综合反映了管道流动阻力情况，实质上为包含管道长度、直径、沿程阻力和局部阻力等多种因素在内的管道特征。

类似地，对于气流管路，有

$$p=S_p q^2$$

$$S_p=\frac{8\left(\sum\lambda_i\frac{l_i}{d_i}+\sum\zeta_j\right)\rho}{\pi^2 d^4}=\rho g S_h \tag{2-28}$$

式中 S_p——气体管道阻抗，kg/m^7。

S_h 和 S_p 是通过简单管路系统得到的两个参数，给定管路的 S_h 和 S_p 均为定值，其意义为管路中通过单位流量时的能量损失，所以称为管路的阻抗。利用管路阻抗可以方便地计算管路总的能量损失，还可以绘出管路特性曲线。

例 2-6 水泵管路如图 2-28 所示，铸铁管直径 $d=150mm$，长度 $l=180m$，管路上装有滤水网（$\zeta=6$）一个，全开截止阀（$\zeta=3.9$）一个，$\zeta=0.3$ 的弯头三个，高程 $h=100m$，流量 $q=225m^3/h$，水的运动黏度 $\nu=1.007\times10^{-5}m^2/s$。试求水泵输出功率。

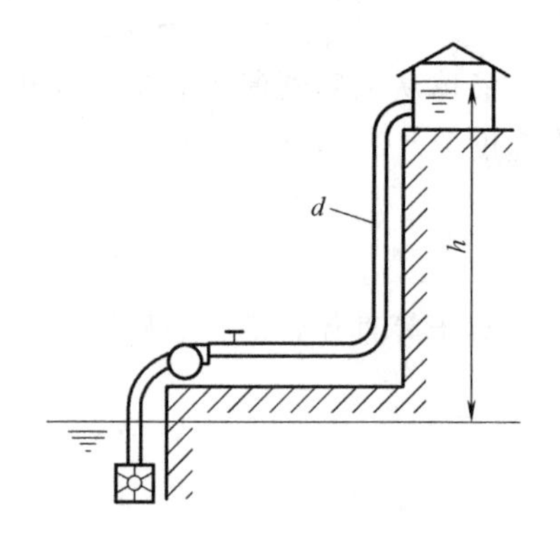

图 2-28 水泵管路计算

解：首先判别流态以确定沿程阻力系数 λ

$$v=\frac{q}{\pi d^2/4}=\frac{4q}{\pi d^2}=\frac{4\times225}{3600\times\pi\times(0.15)^2}=3.537m/s$$

$$Re=\frac{vd}{\nu}=\frac{3.537\times0.15}{1.007\times10^{-5}}=52686.2$$

由于 $Re>2000$，说明流动状态为湍流。$Re>4000$，说

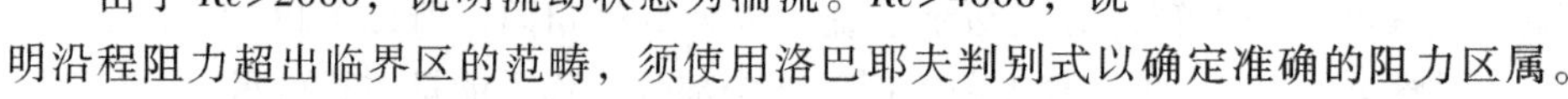

明沿程阻力超出临界区的范畴，须使用洛巴耶夫判别式以确定准确的阻力区属。

对于铸铁管，当量糙粒高度 $K=0.25mm$

$$\frac{\nu}{K}=\frac{1.007\times10^{-5}}{0.25\times10^{-3}}=0.04$$

$$\frac{11\nu}{K}=11\times0.04=0.44$$

$$445\frac{\nu}{K}=445\times0.04=17.8$$

从而可知

$$11\frac{\nu}{K}<v<445\frac{\nu}{K}$$

故为湍流过渡区，可采用较为简单的阿里托苏里公式计算 λ，即

$$\lambda=0.11\left(\frac{K}{d}+\frac{68}{Re}\right)^{0.25}=0.11\left(\frac{0.25}{150}+\frac{68}{52686.2}\right)^{0.25}=0.0257$$

由于已知几个部位的局部阻力系数，由此可以计算 ζ_e

$$\zeta_e=\sum\lambda\frac{l}{d}+\sum\zeta=0.0257\times\frac{180}{0.15}+0.3\times3+3.9+6=41.64$$

$$S_h=\frac{8\zeta_e}{\pi^2 gd^4}=\frac{8\times41.64}{\pi^2\times9.81\times(0.15)^4}s^2/m^5=6796.21s^2/m^5$$

管路为克服阻力损失所需的作用水头 h_1 为

$$h_1=S_h q^2=6796.61\times\left(\frac{225}{3600}\right)^2 m=26.548m$$

水泵扬程应为作用水头与高程之和，故

$$H=h+h_1=100m+26.548m=126.548m$$

水泵输出功率为

$$P=\rho gqH=9810\times\frac{225}{3600}\times126.548W=77589.743W$$

$$=77.59kW$$

上例中用 H 表示水泵扬程，h 表示高程，h_1 表示克服水头损失所需水头，这与式(2-26)中的符号有所差异，请注意不要混淆。计算中还要注意单位的统一，流量要化为 m^3/s，长度统一为 m。

（2）长管的阻抗　列出图 2-29 所示系统中 1-1 和 2-2 间的能量方程。由于 $v_1=0$，$p_1=p_2$，$z_2=0$，令 $v_2=v$，则有

$$H=\frac{v^2}{2g}+\lambda\frac{l}{d}\frac{v^2}{2g}+\zeta_{进}\frac{v^2}{2g}$$

由于长管中

$$\frac{v^2}{2g}+\zeta_{进}\frac{v^2}{2g}<<\lambda\frac{l}{d}\frac{v^2}{2g}$$

上式可简化为

$$H=\lambda\frac{l}{d}\frac{v^2}{2g}=h_f=S'_H q^2 \tag{2-29}$$

式中，$S'_H=\frac{8\lambda l}{g\pi^2 d^5}$称为长管阻抗，其物理意义同前。

例 2-7　某一简单长管（参见图 2-29），长度 $l=3000m$。要求在作用水头 $H=15m$ 时输送流量 $q=200L/s$，假设流动沿程阻力系数 $\lambda=0.015$，求管道直径。

解： 对于简单长管

$$H=S'_H q^2$$

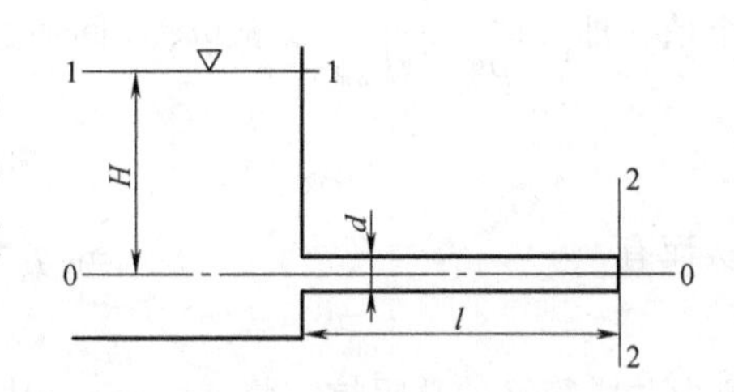

图 2-29　长管流动

而
$$S'_{\mathrm{H}}=\frac{8\lambda l}{g\pi^{2}d^{5}}$$

故
$$H=\frac{8\lambda l}{g\pi^{2}d^{5}}q^{2}$$

解出

$$d=\left(\frac{8\lambda l}{g\pi^{2}H}q^{2}\right)^{1/5}=\left[\frac{8\times0.015\times3000\times(200\times10^{-3})^{2}}{9.81\times\pi^{2}\times15}\right]^{1/5}\mathrm{m}=0.397\mathrm{m}\approx0.4\mathrm{m}$$

3. 串联与并联管路的特点

(1) 串联管路　串联管路由不同管径的简单管路串接而成，如图 2-30 所示。

串联管路的流动特点：各管段流量相等，损失叠加，全管段总阻抗为各管段阻抗之和，即

$$q_{1}=q_{2}=q_{3} \tag{2-30}$$

$$\begin{aligned}H&=h_{l1-3}=h_{l1}+h_{l2}+h_{l3}=S_{\mathrm{h1}}q_{1}^{2}+S_{\mathrm{h2}}q_{2}^{2}+S_{\mathrm{h3}}q_{3}^{2}\\&=(S_{\mathrm{h1}}+S_{\mathrm{h2}}+S_{\mathrm{h3}})q^{2}=S_{\mathrm{h}}q^{2}\end{aligned}$$

$$S_{\mathrm{h}}=S_{\mathrm{h1}}+S_{\mathrm{h2}}+S_{\mathrm{h3}} \tag{2-31}$$

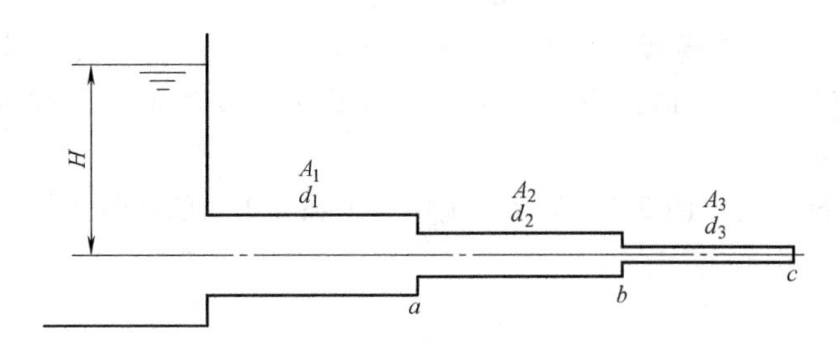

图 2-30　串联管路

(2) 并联管路　并联管路由若干有共同起点、共同终点的管段并接而成，类似于并联电路，如图 2-31 所示。并联管路的流动特点为

$$q=q_{1}+q_{2}+q_{3} \tag{2-32}$$

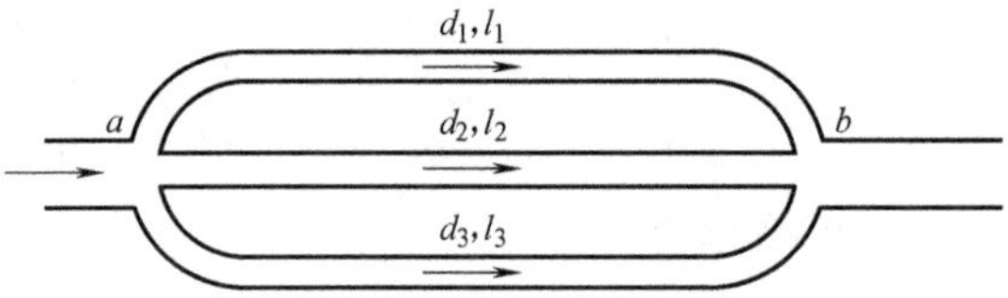

图 2-31　并联管路

由于节点 a 和 b 的单位能量只能有一个值，即$\left(z+\frac{p}{\rho g}+\frac{v^{2}}{2g}\right)_{a或b}$，故 a、b 间通过任何一条分支的能量损失相等，即

$$h_{l1}=h_{l2}=h_{l3}=h_{la-b} \tag{2-33}$$

从而有
$$S_{\mathrm{h1}}q_{1}^{2}=S_{\mathrm{h2}}q_{2}^{2}=S_{\mathrm{h3}}q_{3}^{2}=S_{\mathrm{h}}q^{2} \tag{2-34}$$

S 为并联管路的总阻抗。将 $q=\sqrt{\frac{h_{\mathrm{la-b}}}{S_{\mathrm{h}}}}$代入式 (2-31)，可得

$$\sqrt{\frac{h_{1a-b}}{S_h}}=\sqrt{\frac{h_{l1}}{S_{h1}}}+\sqrt{\frac{h_{l2}}{S_{h2}}}+\sqrt{\frac{h_{l3}}{S_{h3}}}$$

即
$$\frac{1}{\sqrt{S_h}}=\frac{1}{\sqrt{S_{h1}}}+\frac{1}{\sqrt{S_{h2}}}+\frac{1}{\sqrt{S_{h3}}} \tag{2-35}$$

若将式（2-35）写成连比形式，则有

$$q_1:q_2:q_3=\frac{1}{\sqrt{S_{h1}}}:\frac{1}{\sqrt{S_{h2}}}:\frac{1}{\sqrt{S_{h3}}} \tag{2-36}$$

此即并联管路流量分配定律：各支路的流量按能量损失相等的原则来分配流量。而能量损失为 $S_h q^2$，因而 S_h 大的支路流量小，S_h 小的支路流量大。

4. 管路特性曲线

图 2-32 所示为一液体输送系统，它由储液槽、受液槽、泵和管路组成。假定储液槽和受液槽的压力分别为 p_1 和 p_2，两个液面之间的高度差为 h，则可列出 1-1 和 2-2 两个断面间的能量方程

$$z_1+\frac{p_1}{\rho g}+\frac{v_1^2}{2g}+H=z_2+\frac{p_2}{\rho g}+\frac{v_2^2}{2g}+h_{l1-2}$$

式中　H——水泵提供的扬程，也即流体在管路系统中流动时所需的外加压头。

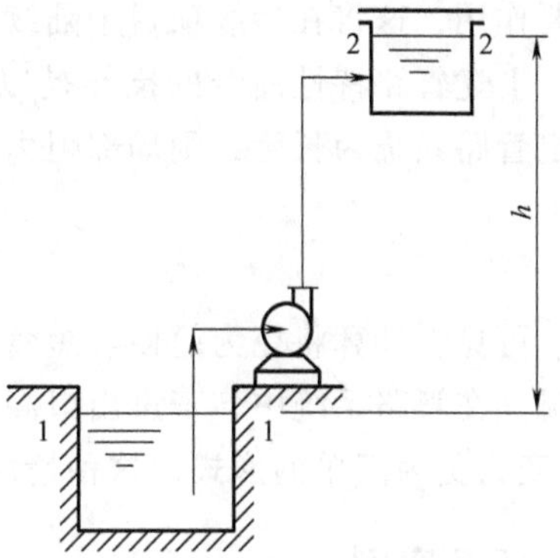

图 2-32　管路特性曲线方程推导示意图

由上式可得

$$H=(z_2-z_1)+\frac{p_2-p_1}{\rho g}+\frac{v_2^2-v_1^2}{2g}+h_{l1-2} \tag{2-37}$$

由于 $\Delta z=z_2-z_1$，且 $v_1=0$

$$H=\Delta z+\frac{p_2-p_1}{\rho g}+\frac{v_2^2}{2g}+h_{l1-2}$$

令
$$H_1=\Delta z+\frac{p_2-p_1}{\rho g} \tag{2-38}$$

假定管路直径相同，则可令

$$H_2=\frac{v_2^2}{2g}+h_{l1-2}=\frac{v_2^2}{2g}+\left(\sum\lambda_i\frac{l_i}{d_i}\frac{v_2^2}{2g}+\sum\zeta_j\frac{v_2^2}{2g}\right)=\left(1+\sum\lambda_i\frac{l_i}{d_i}+\sum\zeta_j\right)\frac{v_2^2}{2g}$$

根据阻抗定义，式（2-38）可表示成　$H_2=S_h q^2$　(2-39)

其中管路阻抗
$$S_h=\left(1+\sum\lambda_i\frac{l_i}{d_i}+\sum\zeta_j\right)\frac{8}{g\pi^2 d^4}$$

则
$$H=H_1+H_2=H_1+S_h q^2 \tag{2-40}$$

式（2-40）称为管路特性曲线方程，表示特定管路系统中、恒定操作条件下外加压头与流量的关系。可以看出，外加压头 H 随系统流量 q 的平方而变化。将此关系绘制在以流量 q 和压头 H 为坐标的直角坐标图上，就可以得到**管路特性曲线**，如图 2-33 所示。它是一条在 y 轴上截距为 H_1 的抛物线。

根据式（2-40）计算不同 q 下的压头 H 值，得到 n 组对应的 H、q 值，就可以绘出管路

特性曲线。曲线形状取决于管路布置与操作条件，而与离心泵的性能无关。

对于同一管路系统，在恒定操作条件下，管路阻抗 S_h 为一常数。若操作条件改变，则管路阻力会发生变化，S_h 随之变化，H-q 曲线也会相应改变。例如，将离心泵和管路上调节阀门关小时，管路的局部阻力增大，管路特性曲线变陡，如图 2-33 中线Ⅱ所示。当阀门开大时，管路局部阻力减小，管路特性曲线变得平坦，如图 2-33 中曲线Ⅲ所示。

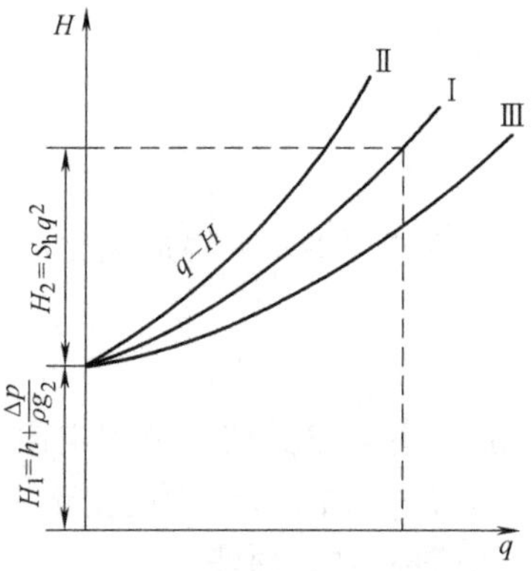

图 2-33　管路特性曲线

管路特性曲线在包括泵与风机的管路系统设计中有重要作用，这将在后续项目中陆续被提到。

上述管路特性曲线的推导是以短管为基础的。如果假定管路系统为长管，则局部阻力损失及出口速度水头可以忽略，则

$$H_2 = \lambda \frac{l}{d}\frac{v_2^2}{2g} = S_h' q^2$$

可见，计算将更为简便。短管计算反映一般规律，长管计算则属于其中较为简便的特殊情况。在管路系统中，若进出口高度差和压力差均为 0，则 $H_1 = 0$，管路特性曲线的截矩为 0，变为更为简单的形式，这种情况也是常有的。

任务实例

要设计一套中央空调系统，中央空调为水冷冷水型，需要为系统选择合适的冷冻水泵。中央空调冷冻水系统如图 2-34 所示，且知：

1）制冷系统的总负荷为 30kW，蒸发器阻力为 $3mH_2O$。

2）各管段长度分别为：1-2 段 10m，2-3 段 4m，3-4 段 8m，各管路保持对称平行关系。

3）冷冻水供水温度为 5℃，回水温度为 15℃。

4）水泵与蒸发器之间有 4m 的高度差。

要求：计算各段管路管径及管路阻力（加一个储水箱，变成开放系统）。

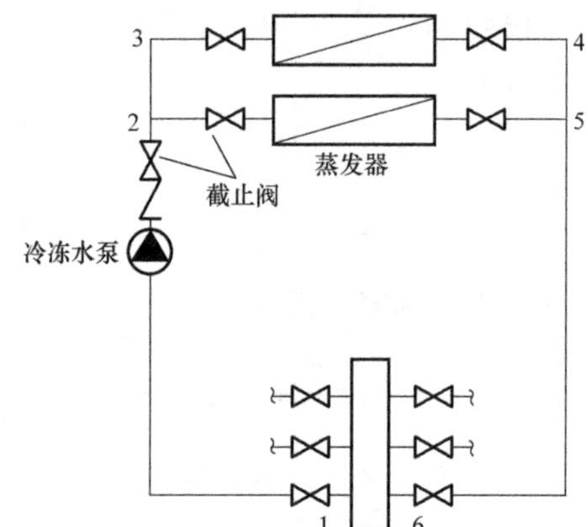

图 2-34　中央空调冷冻水系统

1. 1-2 段、5-6 段管径、流量和管路阻力的计算

（1）1-2 段、5-6 段管径计算　根据题意，制冷系统总负荷 Q 为 30kW，则由 $Q = q_m c\Delta t$ 知

$$q_m = \frac{Q}{c\Delta t} = \frac{30\times10^3}{4.2\times10^3\times(15-5)}\text{kg/s} = 0.714\text{kg/s}$$

蒸发器前管路水温为 5℃，蒸发器后管路水温为 15℃，其密度 $\rho \approx 1000\text{kg/m}^3$，所以 1-2 段、5-6 段管路中流体容积流量为

$$q = \frac{q_m}{\rho} = \frac{0.714}{1000}\text{m}^3/\text{s} = 7.14\times10^{-4}\text{m}^3/\text{s}$$

假定主管内流速为1.5m/s，则主管截面积和管径分别为

$$A=\frac{q}{v}=\frac{7.14\times10^{-4}}{1.5}\text{m}^2=4.76\times10^{-4}\text{m}^2$$

$$d=\sqrt{\frac{4A}{\pi}}\text{mm}\approx24.6\text{mm}$$

根据无缝钢管公称直径标准，可为1-2、5-6主管段选择公称直径为25mm的无缝钢管，钢管外径为32mm，壁厚3.5mm。则主管段管内实际流速

$$v=\frac{q}{A}=\frac{7.14\times10^{-4}\times4}{\pi\times(25\times10^{-3})^2}\text{m/s}=1.45\text{m/s}$$

（2）1-2段管路阻力计算　查表2-1知，钢管当量糙粒高度 $K=0.046\text{mm}$，则 $K/d=0.046/25=0.00184$。查水的热力特性表知，水在5℃时黏度 $\eta=1.519\times10^{-3}\text{Pa}\cdot\text{s}$。则水管内水流雷诺数为

$$Re=\frac{dv\rho}{\eta}=\frac{0.025\times1.45\times1000}{1.519\times10^{-3}}=23864>4000$$，属于湍流。

$$11\left(\frac{\nu}{K}\right)=11\left(\frac{\eta}{K\rho}\right)=11\times\left(\frac{1.519\times10^{-6}}{0.046\times10^{-3}}\right)\text{m/s}=0.36\text{m/s}$$

$$445\left(\frac{\nu}{K}\right)=445\left(\frac{\eta}{K\rho}\right)=445\times\left(\frac{1.519\times10^{-6}}{0.046\times10^{-3}}\right)\text{m/s}=14.69\text{m/s}$$

所以 $11\left(\frac{\nu}{K}\right)<v<445\left(\frac{\nu}{K}\right)$，管内流动属于湍流过渡区，应采用阿里托苏里公式进行计算

$$\lambda=0.11\left(\frac{K}{d}+\frac{68}{Re}\right)^{0.25}=0.029$$

所以，管路1-2段的沿程阻力和局部阻力分别为

$$h_{\text{f1-2}}=\lambda\frac{l}{d}\frac{v^2}{2g}=0.029\times\frac{10}{0.025}\times\frac{1.45^2}{2\times9.8}\text{m}=1.24\text{m}$$

两个截止阀内径为25mm，查表2-5得其局部阻力系数 $\zeta=9$，所以1-2段局部阻力为

$$h_{\text{m}}=\zeta\frac{v^2}{2g}=9\times\frac{1.45^2}{2\times9.8}\text{m}=0.96\text{m}$$

两个截止阀总局部阻力 $h_{\text{m1-2}}$ 为1.92m，故1-2段总阻力 $h_{1\text{-}2}=h_{\text{f1-2}}+h_{\text{m1-2}}=1.24\text{m}+1.92\text{m}=3.16\text{m}$

5-6段与1-2段的区别仅在于水的温度为15℃，此时黏度 $\eta=1.140\times10^{-3}$，判断流态仍然在过渡湍流区，计算方法相似。通过计算，总阻力为3.12m。

2. 2-5、2-3-4-5管段管径、流量和流动阻力的计算

对于并联的2-5、2-3-4-5管段，根据并联特性，其两端阻力应相等，但现在流量、流速均未知，需要试算。

先假定两并联管段流量相等，则其流量为总管路流量的一半，即 $q_{2\text{-}5}=q_{3-4}=\frac{1}{2}\times q=\frac{1}{2}\times7.14\times10^{-4}\text{m}^3/\text{s}=3.57\times10^{-4}\text{m}^3/\text{s}$。当流速与主管流速相同时，管径为

$$d_{2\text{-}5}=d_{2\text{-}3\text{-}4\text{-}5}=\sqrt{\frac{4\times q_{2\text{-}5}}{\rho\times v\times\pi}}=\sqrt{\frac{4\times 3.57\times10^{-4}}{1000\times1.45\times\pi}}=177\text{mm}$$

选择公称直径为 20mm 的无缝钢管，外径为 25mm，内径为 20mm。

对于 2-5、2-3-4-5 管段，在蒸发器前水温为 5℃，黏度 $\eta=1.519\times10^{-3}\text{Pa}\cdot\text{s}$；蒸发器后水温 15℃，黏度查水的物理特性表得 $\eta=1.140\times10^{-3}\text{Pa}\cdot\text{s}$。计算时用 $\eta=\frac{1.519+1.140}{2}\text{Pa}\cdot\text{s}=1.33\times10^{-3}\text{Pa}\cdot\text{s}$ 进行近似计算。

2-5、2-3-4-5 段管径 $d=20\text{mm}$，在假定两并联管路流量相等的情况下管内流速 $v=1.14\text{m/s}$，则 $\frac{K}{d}=\frac{0.046}{20}=0.0023$，$Re=\frac{dv\rho}{\eta}=\frac{0.020\times1.14\times1000}{1.33\times10^{-3}}=17143>4000$，所以也是湍流。

$$11\left(\frac{\nu}{K}\right)=11\left(\frac{\eta}{K\rho}\right)=11\times\left(\frac{1.33\times10^{-6}}{0.046\times10^{-3}}\right)\text{m/s}=0.32\text{m/s}$$

$$445\left(\frac{\nu}{K}\right)=445\left(\frac{\eta}{K\rho}\right)=445\times\left(\frac{1.33\times10^{-6}}{0.046\times10^{-3}}\right)\text{m/s}=12.87\text{m/s}$$

所以 $11\left(\frac{\nu}{K}\right)<v<445\left(\frac{\nu}{K}\right)$，管内流动属于湍流过渡区，采用阿里托苏里公式计算

$$\lambda=0.11\left(\frac{K}{d}+\frac{68}{Re}\right)^{0.25}=0.031$$

对于 2-5 管段，有两个截止阀，查截止阀阻力系统表知 $\sum\zeta=20$，2-3-4-5 管段同样。

由式（2-34）和式（2-36）可得

$$S_{2\text{-}5}q_{2\text{-}5}^2=S_{2\text{-}3\text{-}4\text{-}5}q_{2\text{-}3\text{-}4\text{-}5}^2,\ \frac{q_{2\text{-}5}}{q_{2\text{-}3\text{-}4\text{-}5}}=\sqrt{\frac{S_{2\text{-}3\text{-}4\text{-}5}}{S_{2\text{-}5}}}$$

计算 S_{2-5} 和 $S_{2\text{-}3\text{-}4\text{-}5}$

$$S_{2\text{-}5}=\frac{8\left(\lambda\frac{l_{2\text{-}5}}{d_{2\text{-}5}}+\sum\zeta_{2\text{-}5}\right)\rho}{\pi^2 d_{2\text{-}5}^4}=\frac{8(0.031\times\frac{8}{0.02}+20)\times1000}{\pi^2\ 0.02^4}\text{kg/m}^7=1.64\times10^{11}\text{kg/m}^7$$

$$S_{2\text{-}3\text{-}4\text{-}5}=\frac{8\left(\lambda\frac{l_{2\text{-}3\text{-}4\text{-}5}}{d_{2\text{-}3\text{-}4\text{-}5}}+\sum\zeta_{2\text{-}3\text{-}4\text{-}5}\right)\rho}{\pi^2 d_{2\text{-}3\text{-}4\text{-}5}^4}=\frac{8\left(0.031\times\frac{16}{0.02}+20\right)\times1000}{\pi^2\ 0.02^4}\text{kg/m}^7=2.27\times10^{11}\text{kg/m}^7$$

所以
$$\frac{q_{2\text{-}5}}{q_{2\text{-}3\text{-}4\text{-}5}}=\sqrt{\frac{S_{2\text{-}3\text{-}4\text{-}5}}{S_{2\text{-}5}}}=\sqrt{\frac{2.35\times10^{11}}{1.7\times10^{11}}}=1.18$$

又因为 $q_{2\text{-}5}+q_{2\text{-}3\text{-}4\text{-}5}=7.14\times10^{-4}\text{m}^3/\text{s}$，所以

$q_{2\text{-}5}=3.86\times10^{-4}\text{m}^3/\text{s}$；$q_{2\text{-}3\text{-}4\text{-}5}=3.28\times10^{-4}\text{m}^3/\text{s}$

依此重新计算 2-5 和 2-3-4-5 管段。

（1）计算 2-3-4-5 管段

$q_{2\text{-}3\text{-}4\text{-}5}=3.28\times10^{-4}\text{m}^3/\text{s}$，所以 $v=1.04\text{m/s}$。

2-3-4-5 段管径 $d=20\text{mm}$，管内流速 $v=1.04\text{m/s}$，$\frac{K}{d}=\frac{0.046}{20}=0.0023$，$Re=\frac{dv\rho}{\eta}=\frac{0.020\times1.04\times1000}{1.33\times10^{-3}}=15639>4000$，所以也是湍流。$11\left(\frac{\nu}{K}\right)<v<445\left(\frac{\nu}{K}\right)$，管内流动属于湍流过渡区，采用阿里托苏里公式计算

$$\lambda=0.11\left(\frac{K}{d}+\frac{68}{Re}\right)^{0.25}=0.031$$

所以 2-3-4-5 段的沿程阻力为

$$h_{f2\text{-}3\text{-}4\text{-}5}=\lambda\frac{l}{d}\frac{v^2}{2g}=0.031\times\frac{16}{0.020}\times\frac{1.04^2}{2\times9.8}\text{m}=1.37\text{m}$$

两个截止阀的局部阻力系数 $\sum\zeta=20$，所以

$$h_{m2\text{-}3\text{-}4\text{-}5}=\sum\zeta\frac{v^2}{2g}=20\times\frac{1.04^2}{2\times9.8}\text{m}=1.10\text{m}$$

故 2-3-4-5 段总阻力 $h_{2\text{-}3\text{-}4\text{-}5}=h_{f2\text{-}3\text{-}4\text{-}5}+h_{m2\text{-}3\text{-}4\text{-}5}=1.37\text{m}+1.10\text{m}=2.47\text{m}$。

（2）计算 2-5 管段

$q_{2\text{-}5}=3.86\times10^{-4}\text{m}^3/\text{s}$，所以 $v=1.23\text{m/s}$。

2-5 段管径 $d=20\text{mm}$，管内流速 $v=1.23/\text{m/s}$，$\frac{K}{d}=\frac{0.046}{20}=0.0023$，$Re=\frac{dv\rho}{\eta}=\frac{0.020\times1.23\times1000}{1.33\times10^{-3}}=18496>4000$，所以也是湍流。

$11\left(\frac{\nu}{K}\right)<v<445\left(\frac{\nu}{K}\right)$，管内流动属于湍流过渡区，采用阿里托苏里公式计算

$$\lambda=0.11\left(\frac{K}{d}+\frac{68}{Re}\right)^{0.25}=0.030$$

所以管路 2-5 段的沿程阻力为

$$h_{f2\text{-}5}=\lambda\frac{l}{d}\frac{v^2}{2g}=0.030\times\frac{8}{0.020}\times\frac{1.23^2}{2\times9.8}\text{m}=0.93\text{m}$$

两个截止阀的局部阻力系数 $\sum\zeta=20$，所以

$$h_{m2\text{-}5}=\sum\zeta\frac{v^2}{2g}=20\times\frac{1.23^2}{2\times9.8}\text{m}=1.54\text{m}$$

故 2-5 段总阻力 $h_{2\text{-}5}=h_{f2\text{-}5}+h_{m2\text{-}5}=0.93\text{m}+1.54\text{m}=2.47\text{m}$。

根据并联管路阻力特性，2-5 管路和 2-3-4-5 管路的阻力应该相等。经过上述计算，2-5 段总阻力为 2.47m，2-3-4-5 段总阻力也为 2.47m，说明阻力平衡。有时候第一轮试算以后会发现两段管路阻力不相等，这时候就需要重新进行试算，或者在管路中安装平衡阀进行控制。

3. 计算管路总阻力

$h_{1\text{-}2\text{-}3\text{-}4\text{-}5\text{-}6}=h_{1\text{-}2}+h_{2\text{-}3\text{-}4\text{-}5}+h_{5\text{-}6}+$蒸发器阻力$=3.16\text{m}+2.47\text{m}+3.12\text{m}+3\text{m}=11.75\text{m}$

任务实施

对图 2-1 所示管路系统进行阻力计算，并将结果填入表 2-7。

表 2-7 阻力计算表

管段	流量 /(m^3/s)	流速 /(m/s)	管径 /mm	沿程阻力系数 λ	沿程阻力 /m	局部阻力系数 ζ	局部阻力 /m	管段总阻力 /m
1-2-3								
6-7								
并联管段								
总阻力								

检测评分

将任务完成情况的检测评分填入表 2-8 中。

表 2-8 管路阻力计算检测评分表

序号	检测项目	检测内容及要求	配分	学生自检	学生互检	教师检测	得分
1	职业素养	文明礼仪	5				
2		安全纪律	10				
3		行为习惯	5				
4		工作态度	5				
5		团队合作	5				
6	参数计算	管路阻力计算	30				
7	管路特性曲线测试	安全规范	10				
8		正确操作	10				
9		数据整理和测试报告	20				
综合评价			100				

任务反馈

在任务完成过程中，是否存在表 2-9 中所列的问题，了解其产生原因并提出修正措施。

表 2-9 管路阻力计算中出现的误差项目、产生原因及修正措施

存 在 问 题	产 生 原 因	修 正 措 施
管路阻力计算与实测值误差较大	管路阻力计算有误	
	阻力测试有误	
管路出现漏水等状况	管路的加工连接有误	

作业习题

在微知库课程学习平台 PC 端完成相关作业习题，或者用微知库 App 扫描右侧二维码完成相关作业。

作业习题

任务拓展

拓展任务：测定管路特性曲线

用微知库 App 扫描右侧二维码下载管路特性曲线试验指南。

管路特性曲线
测定试验

实训要求：

1）巩固和加深对能量损失、管路系统阻抗、水泵扬程、管路特性曲线等概念的理解。

2）掌握管路特性曲线的测量和计算方法。

3）掌握水泵起动和停机操作。

4）掌握压力和流量的测量方法和测量仪表的使用方法。

5）了解操作条件的含义，以及它对管路特性曲线的影响。

任务 2 水泵的工作调整

任务描述

前一任务已经对复杂管路的阻力进行了计算，根据计算可以采用和项目一相似的方法进行水泵的选配。同样，复杂管路的水泵在安装和调试中也是需要做系列调整的。本任务就是对所选的水泵进行调整，包括高度调整和串并联调整。

知识目标

1. 了解泵在高度调整中可能遇到的问题及其对策，掌握泵安装高度的计算和调整方法。

2. 了解泵在串并联调整中可能遇到的问题及其对策，掌握泵串并联的流动参数计算和调整方法。

技能目标

掌握管路串并联阻力曲线的测定方法。

素养目标

通过团队复杂项目合作，建立起更加紧密的协作精神；并在拆装操作中加深培养精益求精的工匠精神。

知识准备

通过计算确定泵的安装高度，并确定是否需要选择多台泵。若选择多台泵，则需要确定泵是并联还是串联。对于泵安装高度的确定，其目的是防止泵由于抽吸真空度太大而出现汽蚀或不能吸上的情况，所以要通过计算予以确定。而当系统中选择多台泵时，要掌握串并联时工作点的确定方法，并掌握调整工作点的方法，使得管路系统工作点与实际所需工作点吻合。

知识点一 泵安装高度的确定

一、汽蚀的原理与危害

液态和气态可以互相转化，这是液体所固有的物理特性，而温度和压力则是使它们转化的条件。0.1MPa大气压力下的水，当温度上升到100℃时，就开始汽化。但在高山上，由于气压较低，水在不到100℃时就开始汽化。如果使水的某一温度保持不变，逐渐降低液面上的绝对压力，当该压力降低到某数值时，水同样也会发生汽化，这个压力称为**水在该温度下的汽化压力**，用符号p_v表示，其值可以查表2-10。

表2-10　水的汽化压力

水温/℃	5	10	20	30	40	50	60	70	80	90	100
汽化压力 p_v/mH_2O	0.07	0.12	0.24	0.43	0.75	1.25	2.02	3.17	4.82	7.14	10.33

由表可知，当水温为20℃时，其相应的汽化压力为0.24mH_2O或2.4kPa。如果在流动过程中，某一局部地区的压力等于或低于与水温相对应的汽化压力，水就在该处发生汽化。汽化发生后，将有大量的蒸汽及溶解在水中的气体逸出，形成许多蒸汽与气体混合的小汽泡。当汽泡随同水流从水泵的低压区流向高压区时，汽泡在高压的作用下，迅速凝结而破裂，在汽泡破裂的瞬间，产生局部空穴，高压水以极高的速度流向原汽泡占有的空间，形成一个冲击力。由于汽泡中的气体和蒸汽来不及在瞬间全部溶解和凝结，因此，在冲击的作用下又分成小汽泡，再被高压水压缩、凝结，如此反复，便在水泵内的叶轮和涡壳流道表面形成了极微小的冲蚀。冲击形成的压力可高达几百甚至上千MPa，冲击频率可达每秒几万次。流道材料表面在水击压力作用下，形成疲劳而遭到严重破坏，从开始的点蚀到严重的蜂窝状空洞，最后甚至把材料壁面蚀穿，通常把这种破坏现象称为**剥蚀**。

另外，由液体中逸出的氧气等活性气体，借助汽泡凝结时放出的热量，也会对金属起化学腐蚀作用。这种汽泡的形成、发展、破裂以致材料受到破坏的全部过程，称为**汽蚀现象**。

压力低处水开始发生汽化时，因为只有少量汽泡，叶轮流道堵塞不严重，对泵的正常工作没有明显影响，泵的外部性能也没有明显变化。这种尚未影响到泵外部性能的汽蚀称为**潜伏汽蚀**。泵长期在潜伏汽蚀工况下工作时，其材料仍要受到剥蚀，影响它的使用寿命。当汽化发展到一定程度时，汽泡大量聚集，叶轮流道被汽泡严重堵塞，致使汽蚀进一步发展，影响到泵的外部特性，导致泵难以维持正常运行。综上所述，汽蚀对泵产生了诸多有害的影响。

（1）材料破坏　汽蚀发生时，由于机械剥蚀与化学腐蚀的共同作用，致使材料受到破坏。

（2）噪声和振动　汽蚀发生时，不仅材料会受到破坏，还会出现噪声和振动。汽泡破裂和高速冲击会引起严重的噪声。但是，在工厂由于其他来源的噪声已相当高，一般情况下，往往感觉不到汽蚀所产生的噪声。

其次，汽蚀过程本身是一种反复凝结、冲击的过程，伴随很大的脉动力。如果这些脉动力的某一频率与设备的自然频率相等，就会引起强烈的振动。

（3）性能下降　汽蚀发展严重时，大量汽泡的存在会堵塞流道的截面，减少流体从叶轮获得的能量，导致扬程下降，效率也相应降低。这时，泵的外部性能将有明显的变化，这种变化对于不同比转速的泵情况不同。

对于一具体的泵的管路系统，通过阀门调节流量，当调整到某一工况，如果继续开大阀门，流量进一步有所增加时，扬程则急剧减小，这表明已经达到致使水泵不能工作的严重程度。这一工况称为**断裂工况**。

二、泵的安装高度 H_g 和吸入口的真空高度 H_s

要防止泵在运行中出现汽蚀，关键是合理确定泵的安装高度。

如图 2-35 所示，水池液面 e-e 和水泵入口 s-s 断面的能量方程式为

$$z_e+\frac{p_e}{\rho g}+\frac{v_e^2}{2g}=z_s+\frac{p_s}{\rho g}+\frac{v_s^2}{2g}+h_l$$

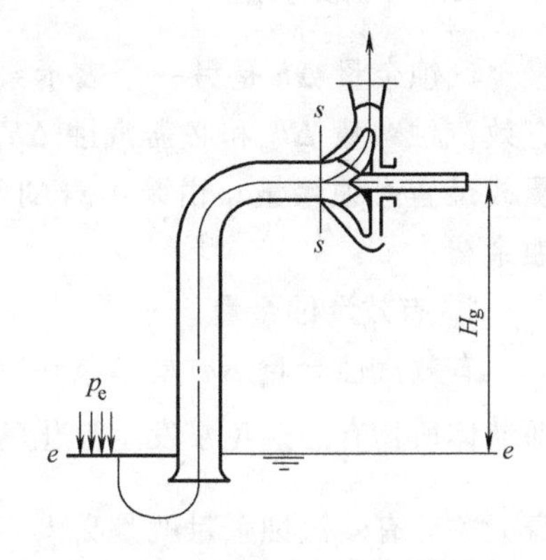

图 2-35　卧式离心泵的安装高度

式中　z_e、z_s——液面高度，$z_s-z_e=H_g$ 为泵的安装高度，m；

p_s、p_e——压力，$\frac{p_e-p_s}{\rho g}=H_s$ 称为泵吸入口处的真空高度，m；

v_e、v_s——水池和泵吸入口处水流的平均流速，m/s；

h_l——泵吸入管段的水头损失。

通常认为水池液流速度很小，近似为 0，所以

$$H_s=\frac{p_e-p_s}{\rho g}=H_g+\frac{v_s^2}{2g}+h_l \tag{2-41}$$

由于泵通常是在一定的流量下运行的，所以流速水头$\frac{v_s^2}{2g}$和管路水头损失 h_{le-s}都是定值，则 H_s与 H_g 有同趋势的变化情况。但由常识可知，H_g 不可能无限增加，即 H_s增加到某一最大值 H_{smax}时，泵的吸入口压力接近液体的汽化压力，因而就会产生汽蚀效应。

为了避免产生汽蚀现象，应使泵吸入口的实际真空度小于某一“允许”的吸入口真空度，即

$$H_s\leqslant[H_s]=H_{smax}-e$$

式中　e——安全余量，m，对于清水泵，e 选 0.3mH_2O；

H_{smax}——开始出现汽蚀现象的临界吸入口真空高度，m，由厂家通过试验确定；

$[H_s]$——允许吸入口真空度，m，通常由厂家在 H_{smax}的基础上确定，$[H_s]$ 是在大气压为 101.325kPa、水温为 20℃的条件下试验得出的，如果泵的使用条件与此条件不符，则需要进行修正，即

$$[H_s']=[H_s]-(10.33-h_b)+(0.24-p_v) \tag{2-42}$$

式中　$10.33-h_b$——因大气压条件不同所作的修正值；

h_b——当地大气压，随当地海拔高度变化而变化，如图 2-36 所示；

$0.24-p_v$——因水温不同所作的修正值，其中 p_v 为实际工作水温对应的汽化压力，其值可查表 2-10，单位折算为 mH_2O。

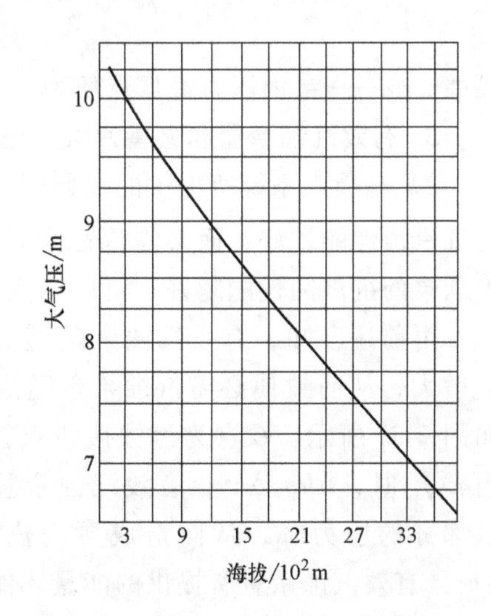

图 2-36　海拔高度与大气压的关系

由式（2-41）还可以得到泵的允许安装高度值及其要求

$$H_g\leqslant[H_g]=[H_s]-\left(\frac{v_s^2}{2g}+h_l\right) \tag{2-43}$$

三、汽蚀余量

汽蚀余量 Δh 是另一个表示泵汽蚀性能的参数，也可用 NPSH 表示。汽蚀余量又分为有效汽蚀余量 Δh_a和必需汽蚀 Δh_r。按照吸入装置条件所确定的汽蚀余量称为**有效汽蚀余量或装置汽蚀余量**；由泵本身的汽蚀性能所确定的汽蚀余量称为**必需汽蚀余量或泵的汽蚀余量**。

1. 有效汽蚀余量

有效汽蚀余量 Δh_a是指泵在吸入口处单位质量液体所具有的超过汽化压力的富余能量，即液体所具有的避免泵发生汽化的能量。有效汽蚀余量由吸入系统的装置条件确定，与泵本身无关。有效汽蚀余量就是吸入容器中液面上的压力水头$\dfrac{p_e}{\rho g}$在克服吸水管路装置中的流动损失 h_1，并把水提高到 H_g 的高度后，所剩余的超过汽化压力的能量。根据有效汽蚀余量的定义，其计算公式为

$$\Delta h_a=\frac{p_s}{\rho g}+\frac{v_s^2}{2g}-\frac{p_v}{\rho g} \tag{2-44}$$

式中　p_v——当地水温条件下的汽化压力。

由$\dfrac{p_e}{\rho g}+\dfrac{v_e^2}{2g}=\dfrac{p_s}{\rho g}+\dfrac{v_s^2}{2g}+H_g+h_1$ 又可得

$$\Delta h_a=\frac{p_e}{\rho g}-\frac{p_v}{\rho g}-H_g-h_1 \tag{2-45}$$

2. 必需汽蚀余量

必需汽蚀余量 Δh_r与吸入系统的装置情况无关，是由泵本身的汽蚀性能所确定的。必需汽蚀余量是指液体从泵吸入口至泵内压力最低点的压力降，其表达式为

$$\Delta h_r=\frac{p_s}{\rho g}+\frac{v_s^2}{2g}-\frac{p_k}{\rho g} \tag{2-46}$$

式中　p_k——泵内压力最低点压力。

3. 有效汽蚀余量和必需汽蚀余量的关系

Δh_a是吸入系统所提供的在泵吸入口大于饱和蒸汽压力的富余能量，Δh_a越大，表示泵的抗汽蚀性能越好；而必需汽蚀余量是液体从泵吸入口至最低压力点的压力降，Δh_r越小，表示泵的抗汽蚀性能越好，可以降低对吸入系统提供的有效汽蚀余量 Δh_a的要求。

由前述已知，有效汽蚀余量随流量的增加呈一条下降的曲线；而流量增加会导致速度增大，从而致使必需汽蚀余量随流量的增加呈一条上升的曲线。这两条曲线交于 C 点，如图 2-37 所示。C 点为汽蚀接线点，也称为**临界汽蚀状态点**，该点的流量为临界流量 q_C。当$q>q_C$ 时，$\Delta h_r>\Delta h_a$，有效汽蚀余量所提供的超过汽化压力的富余能量不足以克服泵入口部分的压力降，从而造成泵内汽蚀，因此 q_C 右边为汽蚀区。只有当 $q<q_C$ 时，$\Delta h_a>\Delta h_r$，有效汽蚀余量所提供的能量才能克服泵入口部分的压力降且尚有剩余能量，最低压力大于临界压力，从而使泵不发生汽蚀，所以 q_C 左边为安全区。由上述分析可知，泵不发生汽蚀的条件为

$$\Delta h_a > \Delta h_r$$

4. 允许汽蚀余量 [Δh]

当 $\Delta h_r = \Delta h_a = \Delta h_{min}$ 时，刚好发生汽蚀，Δh_{min} 就称为临界汽蚀余量。

在实际工程中，为了保证安全运行，规定了一个必需的汽蚀余量，用 [Δh] 表示，称为**允许汽蚀余量**。而实际应用中，还需要为其加上一个安全余量，故有

$$[\Delta h] = \Delta h_{min} + e \qquad (2\text{-}47)$$

式中　e——安全余量，对于一般清水泵，其值为 0.3mH_2O。

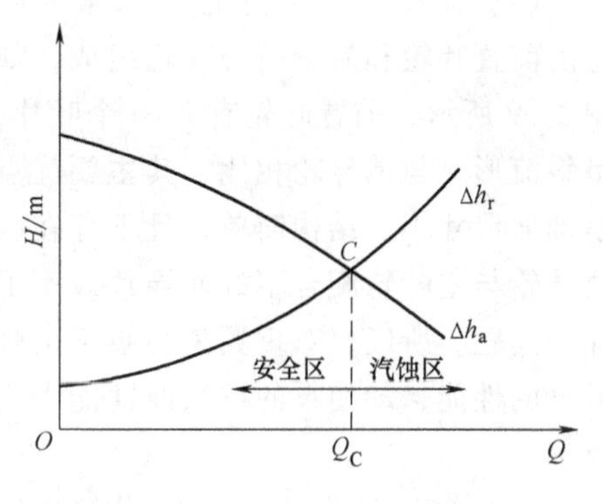

图 2-37　Δh_a 和 Δh_r 与流量的关系

显然，要使液体在流动过程中不发生汽蚀，必须使叶片入口处的实际汽蚀余量 Δh 符合下面的安全条件

$$\Delta h \geqslant [\Delta h] = \Delta h_{min} + e$$

四、提高泵抗汽蚀性能的措施

泵是否发生汽蚀，是由泵本身的汽蚀性能和吸入系统的装置条件来确定的。因此，为了提高泵本身的抗汽蚀性能，就要尽可能减小必需汽蚀余量 Δh_r，以及合理地确定吸入系统装置，以提高有效汽蚀余量 Δh_a，一般采用以下措施。

1. 提高泵本身的抗汽蚀性能

1）降低叶轮入口部分流速。改进入口几何尺寸，可以提高泵的抗汽蚀性能，一般采用两种方法：①适当增大叶轮入口直径；②增大叶片入口边宽度。也有同时采用这两种方法的，但均有一定限度，否则将影响泵的效率。

2）采用双吸式叶轮。此时单侧流量减小一半，从而使单侧速度减小。当转速 n 和流量相同时，采用双吸式叶轮，Δh_r 相当于单级叶轮的 0.63 倍，即双吸式叶轮的必需汽蚀余量是单吸式叶轮的 63%，从而提高了泵的抗汽蚀性能。如国产 125MW 和 300MW 机组的给水泵，首级叶轮都采用双吸式叶轮。

3）增加叶轮前盖板转弯处的曲率半径，减小局部阻力损失。

4）适当加长叶片进口边，向吸入方向延伸，并做成扭曲形。

5）首级叶轮采用抗汽蚀性能好的材料，如镍铬、不锈钢、铝青铜、磷青铜等。

2. 提高吸入系统装置的有效汽蚀余量

（1）减小吸入管路的流动损失　适当加大吸入管直径，尽量减少管路附件，如弯头、阀门等，并使吸入管长度最短。

（2）合理确定泵的几何安装高度

（3）采用诱导轮　诱导轮是与主叶轮同轴安装的一个类似于轴流式的叶轮，其叶片是螺旋形的，叶片安装角小，一般取 10°~12°，叶片数较少，仅 2~3 片，而且轮毂直径较小，因此流道宽而长，如图 2-38 所示。主叶轮前装诱导轮，使液体通过诱导轮升压后流入主叶轮（多级泵为首级叶轮），从而提高了主叶轮的有效汽蚀余量，改善了泵的汽蚀性能。

(4) 采用双重翼叶轮　双重翼叶轮由前置叶轮和后置离心叶轮组成，如图 2-39 所示，前置叶轮有 2~3 个叶片，呈斜流形。与诱导轮相比，其主要优点是轴向尺寸小、结构简单，且不存在因诱导轮与主叶轮配合不好而导致效率下降的问题。所以，双重翼离心泵不会降低泵的性能，却使泵的抗汽蚀性能大为改善。

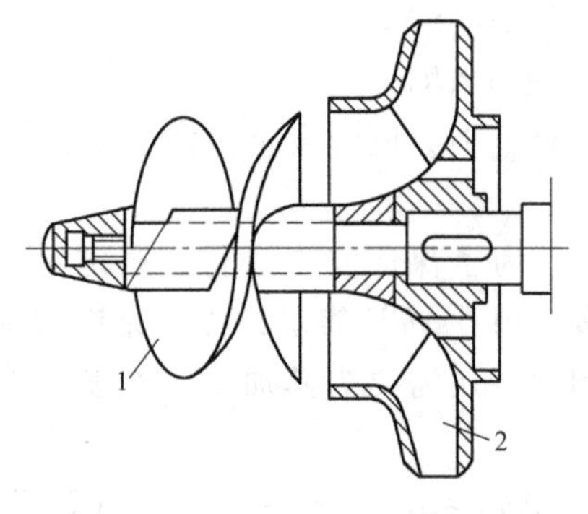

图 2-38　带有诱导轮的离心泵

1—诱导轮　2—离心叶轮

有诱导轮的离心泵

(5) 采用超汽蚀泵　20 世纪后期发展了一种超汽蚀泵，在主叶轮之前装一个类似于轴流式的超汽蚀叶轮，其叶片采用了薄而尖的超汽蚀翼型，如图 2-40 所示，使其诱发一种固定型的汽泡。覆盖整个翼型叶片背面，并扩展到后部，与原来叶片的翼型和空穴组成了新的翼型。其优点是汽泡保护了叶片，避免发生汽蚀，且气泡在叶片后部溃灭，因而不损坏叶片。

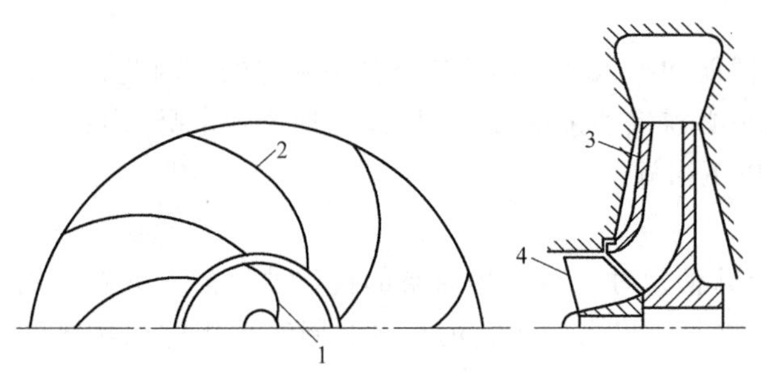

图 2-39　双重翼叶轮

1—前置叶片　2—主叶片　3—主叶轮　4—前置叶轮

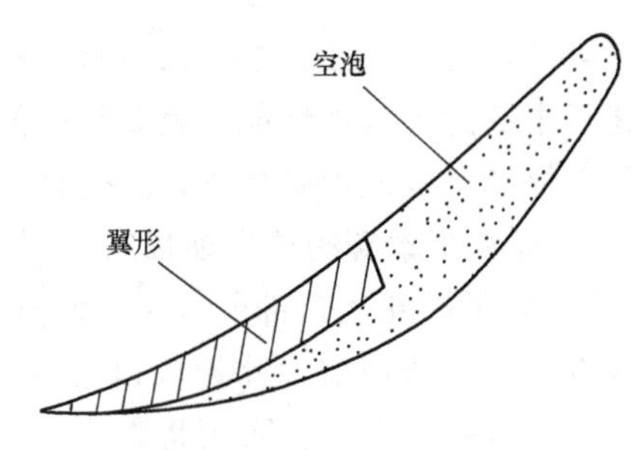

图 2-40　超汽蚀翼型

知识点二　泵串、并联时工作点的调整

一、工作点的确定

将泵或风机的性能曲线和管路特性曲线同时绘制在一张坐标图上，如图 2-41 所示。泵或风机的性能曲线用 AB 表示，CE 表示该泵的管路特性曲线，AB 与 CE 相交于 D 点，此即泵在该管路系统中的**实际工作点**。显然，D 点表明所选定的泵或风机可以在流量为 q_D 的条件下，向该装置提供扬程 H_D。如果 D 点所表明的参数能满足工程提出的要求，而又处在泵或风机的高效率范围内，则这样的安排是恰当的、经济的。管路性能曲线与泵或风机的性能曲线的交点 D 就是**泵或风机的工作点**。此时，机器所耗轴功率 P 及效率 η 皆在 D 点的垂直线上。

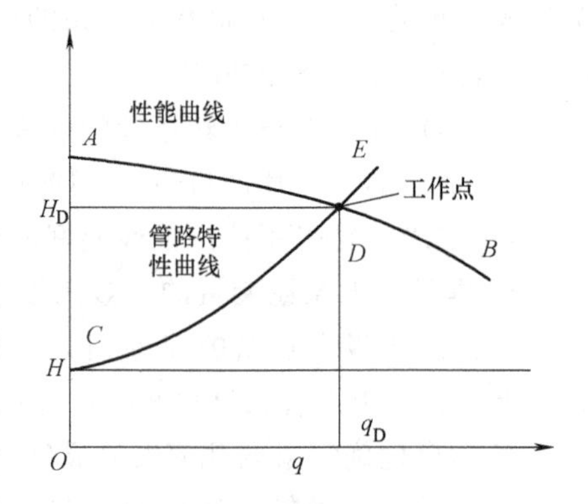

图 2-41　后弯式离心泵的性能曲线和管路特性曲线图

工作点的确定对泵与风机的选用和维修、调节具有以下指导性的意义：

1）对泵与风机进行选配时，除了必须满足按工程需要所确定的参数外，其工程工况必须和工作点相近，即必须在最高效率区内，以保证运行的经济性。

2）实际工作中，对泵与风机的运行需求是变化的。如中央空调的冷风输送系统，在高温天气要求风压高，流量大；在非高温天气则要求低风压，流量小。这就需要常常改变泵与风机的工作点，即调节工况。

3）泵或风机在运行中出现故障时，也常常利用工作点（特性曲线）的变化情况指导维修工作。

二、工作点的稳定性

某些泵或风机具有驼峰形的性能曲线，如图 2-42 所示，M 为性能曲线的最高点。若泵或风机在性能曲线的下降区段工作，如在 B 点工作，则运行是稳定的。若工作点处于泵或风机性能曲线的上升区段，如 A 点，粗看似乎也能平衡工作，但实际上是不稳定的，稍有干扰（如电路中电压波动、频率变化造成转速变化、水位波动，以及设备振动等），A 点就会移动。这是因为当 A 点向右移动时，泵或风机产生的能量大于管路装置所需要的能量，从而流速加大，流量增加，工作点继续向右移动，直到 B 点为止才稳定运转。当 A 点向左移动时，泵或风机产生的能量小于管路装置所需要的能量，则流速减慢，流量降低，工作点继续向左移动，直到流量等于零无输出为止。这就是说一遇干扰，A 点就会向右或向左移动，而且再也不能回复到原来的位置，故 A 点称为**不稳定工作点**。

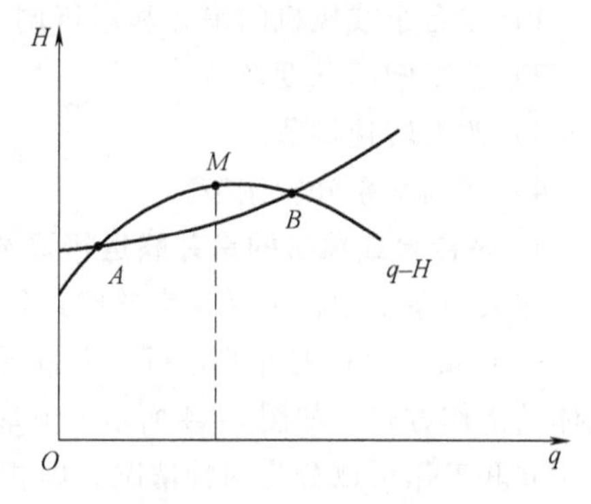

图 2-42　不稳定工作点

如果泵或风机的性能曲线没有上升区段，就不会出现工作的不稳定性，因此泵或风机应当设计成性能曲线只有下降形的。若泵或风机的性能曲线是驼峰形的，则工作范围要始终保持在性能曲线的下降区段，这样就可以避免不稳定的工作。对于驼峰形的性能曲线，通常以最大总扬程，即驼峰的最高点 M 为区分稳定与不稳定的临界点，M 点左侧称为不稳定工作区域，右侧称为稳定工作区域。在任何情况下，都应该使泵或风机保持在稳定区工作。风机的不稳定工作不仅表现在风机的流量为零，而且可能出现负值（倒流），工作点交替地在第一象限和第二象限内变动。这种流量周期性地在很大范围内反复变化的现象，通常称为**喘振**（或称为**飞动**）。下面介绍一些预防喘振的措施：

1）在大容量管路系统中，尽量避免采用具有驼峰形的 q-H 性能曲线，而应采用 q-H 性能曲线平直向下倾斜的泵与风机。

2）使流量在任何条件下不小于 q_M。如果装置系统中所需要的流量小于 q_M，可装设再循环管（部分流出量返回）或自动排放阀门（向空排放），使泵或风机的出口流量始终大于 q_M。

3）改变转速或吸入口处装吸入阀，当降低转速或关小吸入阀时，q-H 性能曲线向左下方移动，临界点随之向小流量移动，从而可缩小性能曲线上的不稳定段（图 2-43）。

4）采用可动叶片调节，当外界需要的流量减小时，减小动叶装置角，性能曲线下移，临界点随着向左下方移动，最小输出流量相应变小。

5）在管路布置方面，水泵应尽量避免压出管路内积存的空气，如不让管路有起伏，但要有一定的向上倾斜度，以利于排气。另外，应尽量把调节阀及节流装置等靠近泵出口安装。

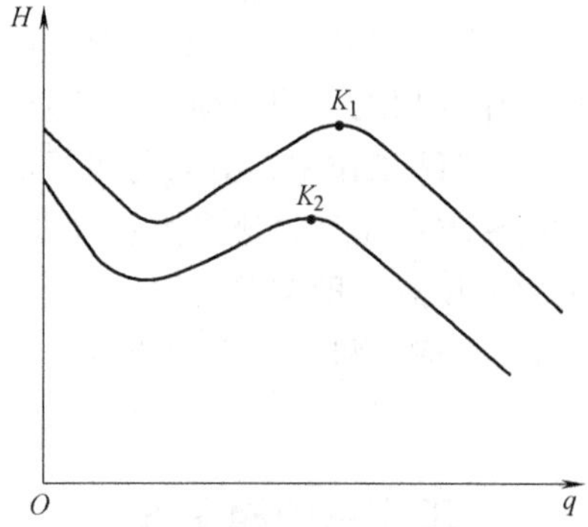

图 2-43　性能曲线不稳定段的变化

三、工作点的调节

从工作点的定义出发，要调整工作点，可以改变泵与风机本身的性能曲线，也可以改变管路的特性曲线，当然两条曲线同时改变也是常用的调节方法。常用的方法有：

1）多台泵或风机的串并联运行调节。

2）改变阀门开度调节。

3）改变转速调节。

4）切削水泵叶轮调节。

1. 多台泵或风机的串并联运行调节

在大型系统中，可采用串并联运行的方法进行流量调节，这是一种很简单的调节方式。

（1）泵与风机的并联运行　并联是指两台或两台以上的泵或风机向同一压力管路输送流体的工作方式，如图 2-44 所示。并联的目的是在压头相同时增加流量。

并联工作可以分为两种情况，即相同性能的泵与风机并联、不同性能泵与风机并联。现以水泵为例进行介绍。

1）同性能（同型号）泵并联工作。

图 2-45 所示为两台泵并联工作时的性能曲线。图中，曲线Ⅰ、Ⅱ为两台相同性能泵的性能曲线，R 为管路特性曲线，并联工作时的性能曲线为Ⅰ+Ⅱ。

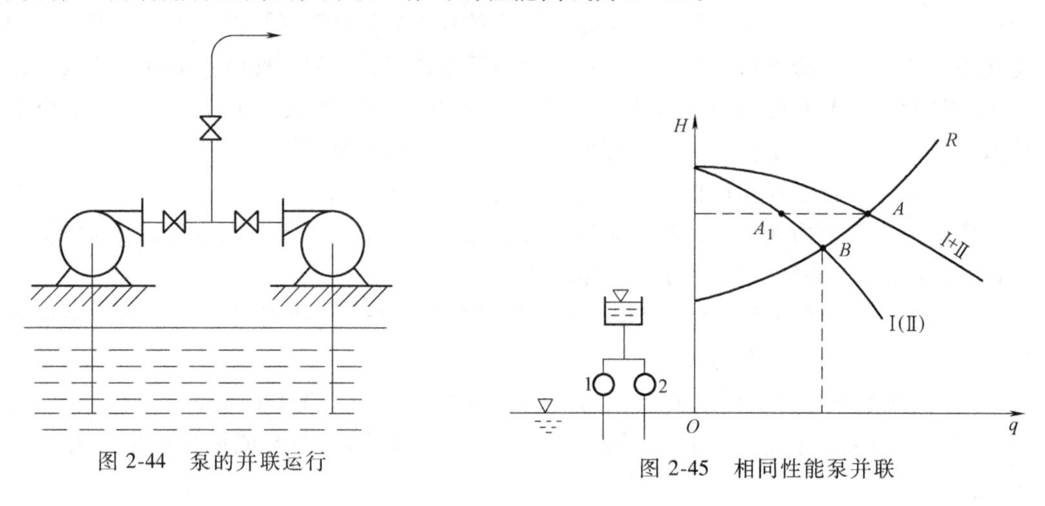

图 2-44　泵的并联运行

图 2-45　相同性能泵并联

一台泵单独运行时的工作点为 B，合成工作点为 A，各泵的实际工作点为 A_1。一台泵运行时流量为 q_B，两台泵并联运行时的总流量为 q_A，$q_A=2q_{A1}<2q_B$。可见，两台泵并联运行

时，总流量小于单独运行时流量的 2 倍，而并联后的扬程却比一台泵单独工作时要高些。这是因为输送的管道仍是原有的，直径没有增大，而管道摩擦损失随流量的增加而增大了，从而阻力增大，这就需要每台泵都提高它的扬程来克服增加的阻力。

并联工作时，管路特性曲线越平坦，并联后的流量就越接近单独运行时的 2 倍，工作就越有利。如果管路特性曲线太陡，陡到一定程度时仍采取并联是徒劳无益的。泵的性能曲线越平坦，并联后的总流量反而就越小于单独工作时流量的 2 倍，因此为达到并联后增加流量的目的，泵的性能曲线应当陡一些。所以，当管路特性曲线较为平坦而性能曲线较陡时，采取并联运行较为经济。从并联数量来看，台数越多，并联后所能增加的流量越少，即每台泵输送的流量越少，故并联台数过多并不经济。

2）不同性能的泵并联工作。

图 2-46 所示为两台不同性能泵并联工作时的性能曲线，图中，曲线Ⅰ、Ⅱ为两台不同性能泵的性能曲线，R_1、R_2为管路特性曲线，Ⅰ+Ⅱ为并联工作时的性能曲线，并联曲线的画法同前。当管路特性曲线为 R_1时，并联后的性能曲线Ⅰ+Ⅱ与管路特性曲线相交于 A 点，该点即是并联工作时的工作点，此时流量为 q_A，扬程为 H_A。要确定并联时单台泵的运行工况，可由 A 点作横坐标的平行线，分别交两台泵的性能曲线于 A_1、A_2，此即为两台泵并联工作时各自的分配流量点：流量为 q_{A1}、q_{A2}，扬程为 H_{A1}、H_{A2}。这时并联工作的特点是扬程彼此相等，总流量仍为每台泵输送流量之和。

并联前，每台泵各自的单独工作点为 B_1、B_2，流量为 q_{B1}、q_{B2}，扬程为 H_{B1}、H_{B2}，由图 2-46 可以看出

$$q_A < q_{B1} + q_{B2}$$

$H_A > H_{B1}$，且 $H_A > H_{B2}$

这表明，两台不同性能的泵并联时的总流量 q_A 等于并联后各泵输出流量之和，即 $q_{A1}+q_{A2}$，而总流量 q_A 却小于并联前各泵单独工作的流量之和，即 $q_{B1}+q_{B2}$，其减少的程度随台数的增多、管路特性曲线陡度增加而增大。

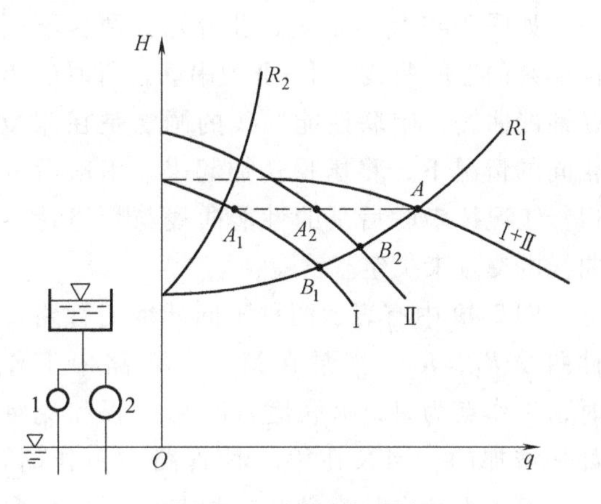

图 2-46　不同性能泵并联

由图 2-46 可知，当两台不同性能的泵并联时，扬程越小的泵输出量减少得越多，当总流量减少时，甚至可能没有输出流量，所以并联效果不好。不同性能泵的并联操作复杂，因此实际上很少采用。

（2）泵或风机的串联工作　串联是前一台泵或风机的出口向另一台泵或风机的入口输送流体的工作方式，如图 2-47 所示。

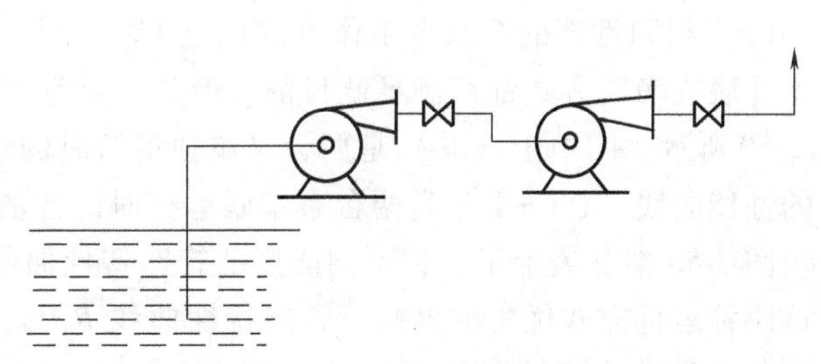
图 2-47　泵的串联工作

串联也可分为两种情况，即相同性能的泵或风机串联和不同性能的泵或风机串联，现以水泵为例介绍如下。

1）同性能泵串联工作。

如图 2-48 所示，曲线Ⅰ、Ⅱ为两台泵的性能曲线，R 为管路特性曲线。Ⅰ+Ⅱ为两台泵串联工作时的性能曲线。

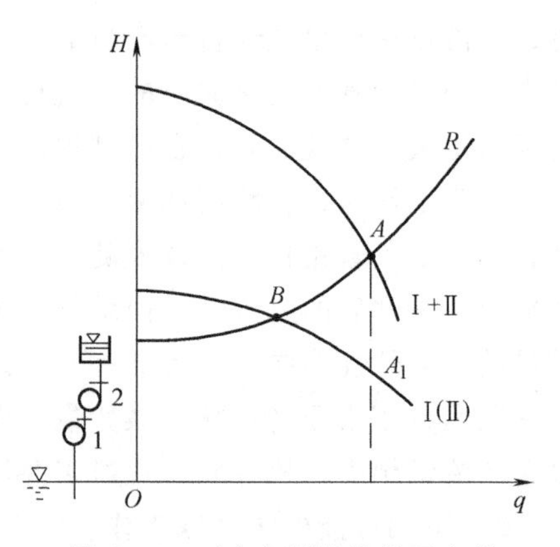

图 2-48　两台相同性能的泵串联

串联性能曲线Ⅰ+Ⅱ是将单独泵的性能曲线的扬程在流量相同的情况下，把各自的扬程迭加起来得到的。它与共同管路特性曲线 R 相交于 A 点，该点即为串联工作时的工作点，此时流量为 q_A，扬程为 H_A。

类似于并联工作特性分析，两台泵串联工作时所产生的总扬程小于泵单独工作时扬程的 2 倍，而大于串联前单独运行的扬程，且串联后的流量也比一台泵单独工作时大了。这是因为泵串联后，一方面扬程的增加大于管路阻力的增加，多余的扬程促使流量增加；另一方面流量的增加又使阻力增加，抑制了总扬程的升高。

泵串联运行时，后一台泵能否承受升压是需要注意的问题。故在选择第一台泵时，要注意泵的结构强度问题。起动时，要注意每台串联泵的出口阀都要关闭，待起动第一台泵后，再开第一台泵的出水阀门，然后起动第二台泵，再打开第二台泵的出水阀向外供水。

2）两台不同性能泵串联工作。

如图 2-49 所示，Ⅰ、Ⅱ分别为两台不同性能泵的性能曲线，Ⅰ+Ⅱ为串联运行时的串联性能曲线，串联性能曲线的画法是在流量相同的情况下，将扬程迭加起来。串联后的运行工况按串联后泵的性能曲线与管路特性曲线的交点来决定。

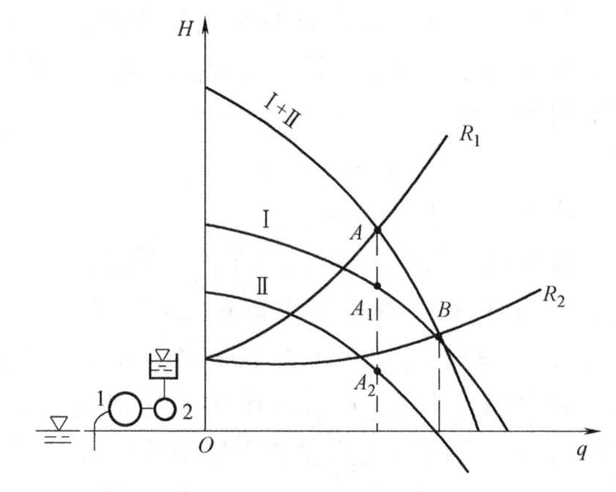

图 2-49　两台不同性能的泵串联

图 2-49 中有表示两种不同陡度的管路特性曲线 R_1、R_2。当泵在第一种管路中工作时，工作点为 A，串联运行时总扬程和流量都是增加的。当泵在第二种管路中工作时，工作点为 B，这时流量和扬程与只用一台泵（Ⅰ）单独工作时的情况一样，此时第二台泵不起作用，在串联中只耗费功率。当管路特性曲线在 R_2 以下时，其运行状态是不合理的，其中扬程小的那台泵非但不能做功，还将成为另一台泵工作的阻力。

（3）相同性能的泵联合工作方式的选择　如果用两台性能相同的泵运行来增加流量，采用并联或串联方式都可满足此目的。但是，究竟哪种方式有利，取决于管路特性曲线，如图 2-50 所示。图中Ⅰ（Ⅱ）是两台泵单独运行时的性能曲线，（Ⅰ+Ⅱ）是两台泵并联运行时的性能曲线，（Ⅰ+Ⅱ）′是两台泵串联运行时的性能曲线。

图 2-50 中又表示了三种不同陡度的管路特性曲线 R_1、R 和 R_2。其中，管路特性曲线 R 是这两种运行方式优劣的界线。管路特性曲线 R_1 与并联时的性能曲线（Ⅰ+Ⅱ）相交于 A_4 点，与串联时的性能曲线（Ⅰ+Ⅱ）′相交于 A_3 点，由此看出，并联运行工作点 A_4 的流量大于串联运行工作点 A_3 的流量；另一种情况，管路特性曲线 R_2 与串联时的性能曲线（Ⅰ+Ⅱ）′

相交于 A_2，与并联时的性能曲线（Ⅰ+Ⅱ）相交于点 A_1，此时串联运行工作点 A_2 的流量大于并联运行工作点 A_1 的流量。所以，在管路系统装置中，若要增加泵的台数来增加流量，究竟采用并联还是串联应当取决于管路特性曲线的陡坦程度，这是选择并联还是串联运行时必须注意的问题。如图 2-50 中当管路特性曲线平坦时，采用并联方式增大的流量大于串联增大的流量，由此可见，在并联后管路阻力并不增大很多的情况下，一般采用并联方式来增大输出流量。

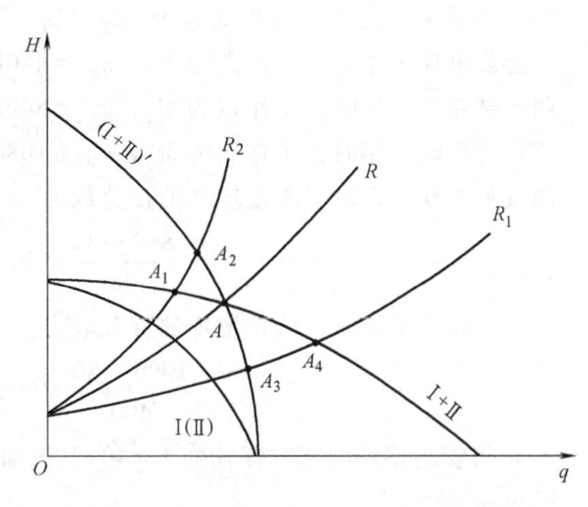

图 2-50　两台相同泵串、并联运行效果比较

例 2-8　某离心泵的特性曲线如图 2-51中的曲线Ⅰ所示，所在管路的特性曲线方程为 $H=40+15q^2$（管路特性方程式中 q 的单位为 m^3/s，H 的单位为 m）。

（1）当两台或三台此型号的泵并联时，试分别计算管路中流量增加的百分数。

（2）若管路特性曲线方程变为 $H=40+100q^2$，试求上述条件下流量增加的百分数。

解：离心泵并联工作时，管路中的输水量可由相应泵的合成特性曲线与管路特性曲线的交点来决定。

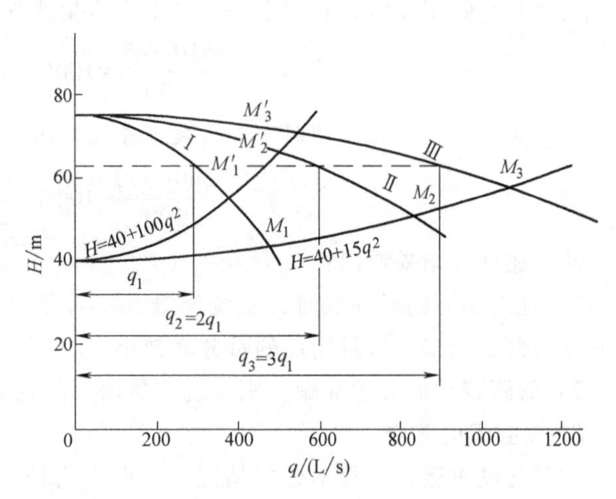

图 2-51　离心泵特性曲线

性能相同的两台或三台离心泵并联工作时，合成特性曲线可在单机特性曲线Ⅰ上取若干点，对应各点的纵坐标（H）保持不变，横坐标（q）分别增大 2 倍或 3 倍，将所得的各点相连绘制而成，如图 2-51 中的曲线Ⅱ和曲线Ⅲ所示。由曲线Ⅰ可知，当 $H=63$m 时，$q_1=300$L/s。在同一扬程下，两台或三台泵并联时，相应的 $q_2=2q_1=600$L/s 及 $q_3=3q_1=900$L/s。

按题中所给的管路特性方程式，计算出不同 q 对应的 H，并将计算结果列于表 2-11 中，然后在本题图中标绘出管路特性曲线。

表 2-11　计算结果

q	L/s	0	200	400	600	800	1000	1200
	m^3/s	0	0.2	0.4	0.6	0.8	1	1.2
$H=40+15q^2$		40	40.6	42.4	45.4	49.6	55.0	61.6
$H=40+100q^2$		40	44.0	56.0	76.0			

(1) 当管路特性曲线方程式为 $H=40+15q^2$ 时，单台泵和多台泵并联工作时情况为：

一台泵单独工作时，工作点为 M_1，$q_{M1}=480\text{L/s}$；

两台泵并联工作时，工作点为 M_2，$q_{M2}=840\text{L/s}$；

三台泵并联工作时，工作点为 M_3，$q_{M3}=1080\text{L/s}$。

两台泵并联工作时，流量增加的百分数为

$$\frac{840-480}{480}\times100\%=75\%$$

三台泵并联工作时，流量增加的百分数为：

$$\frac{1080-480}{480}\times100\%=125\%$$

(2) 当管路特性曲线方程式为 $H=40+100q^2$ 时，单独使用一台泵和并联使用的情况为：

一台泵单独工作时，工作点为 M_1'，$q_{M1}'=390\text{L/s}$；

两台泵并联工作时，工作点为 M_2'，$q_{M2}'=510\text{L/s}$；

三台泵并联工作时，工作点为 M_3'，$q_{M3}'=560\text{L/s}$。

两台泵并联工作时，相对于一台泵工作流量增加的百分数为

$$\frac{510-390}{390}\times100\%=31\%$$

三台泵并联工作时，相对于一台泵工作流量增加的百分数为

$$\frac{560-390}{390}\times100\%=44\%$$

从上述计算结果看出：

1) 性能相同的泵并联时，系统流量并不等于每台泵在同一管路中单独使用时的倍数，且并联的台数越多，流量增加的百分率越小。

2) 管路特性曲线越陡峭，则系统流量增加的百分率越小。

2. 改变阀门开度

在泵与风机运行参数不变的情况下，要人为地改变管路的性能曲线，最常见也是最简便的方法就是改变泵或风机出、入口管路上调节阀门的开度。

这里以离心泵的出口阀门调节进行说明。如图2-52所示，当阀门关小时，管路的局部阻力增大，管路特性曲线变陡，如图中Ⅰ所示。工作点由 M 点移到 A 点，流量由 q_M 降到 q_A。当阀门开大时，管路局部阻力减小，管路特性曲线变得平坦，如图中曲线Ⅲ所示，工作点移到 B，流量增大为 q_B。

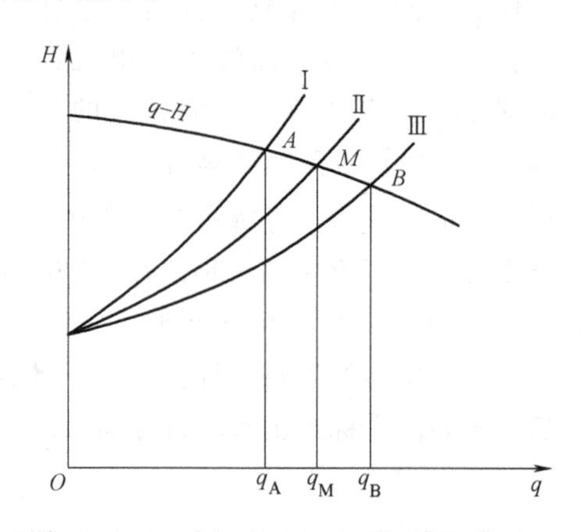

图 2-52 阀门开度对工作点的影响

除了出口阀门的调节外，经常采用的还有入口端阀门节流调节法。采用阀门来调节流量快速简便，且流量可以连续变化，适合现代智能化大型中央空调的控制要求，因此应用非常广泛。其缺点是当阀门关小时，流动阻力加大而需要额外消耗一部分能量，对于入口端节流还会造

成节流后压力降低的问题。这种通过改变管路特性曲线的形状，来达到改变泵或风机工作点的方法，称为管路特性曲线调节法。

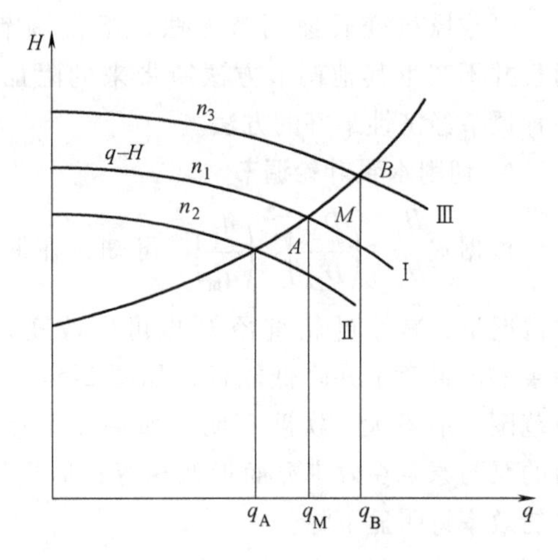

图 2-53 叶轮转速对工作点的影响

3. 改变转速调节

改变泵或风机的转速，实质上是改变泵或风机的性能曲线。下面以离心泵为例进行说明，如图 2-53 所示，泵原来的转速为 n_1，工作点为 M；若将泵的转速降低到 n_2，泵的特性曲线 H-q 向下移，工作点由 M 变至 A，流量由 q_M 降到 q_A；若将泵的转速提高到 n_3，H-q 曲线便向上移，工作点移至 B，流量加大到 q_B。由前面项目内容已知流量随转速的下降而减小，动力消耗也相应降低。因此，从能量消耗的角度来看是比较合理的。

注意：采用变速法时，应验算泵或风机是否超过最高允许转速和电动机是否过载。

改变泵或风机转速的方法，本书推荐如下几种。

（1）改变电动机转速　由电工学可知，异步电动机的理论转速 n（r/min）为

$$n=\frac{60f}{P}(1-s) \tag{2-48}$$

式中　f——交流电频率，Hz，我国电网 f=50Hz；

P——电动机磁极对（数）；

s——电动机转差率，其值很小，异步电动机在 0~0.1 之间。

从上式可以看出，要改变转速，可从改变 P 或 f 着手，从而产生了如下常用的电动机调速法：

1）采用可变磁极对（数）的双速电动机。此种电动机有两种磁极数，通过变速电气开关，可方便地进行改变极数运行，它的调速范围目前只有两级，故调速是跳跃式的（即从 3000r/min 跳至 1500r/min，从 1500r/min 跳至 1000r/min 或由 1000r/min 跳至 750r/min）。

2）变频调速。变频调速是 20 世纪 80 年代产生的卓越的科技成果。它是通过均匀改变电动机定子供电频率 f，达到平滑地改变电动机同步转速的目的。只要在电动机的供电线路上跨接变频调速器，即可按用户所需的某一控制参量（如流量、压力或温度等）的变化自动地调整频率及定子供电电压，实现电动机无级调速。不仅如此，它还可以通过逐渐上升频率和电压，使电动机转速逐渐升高（电动机的这种起动方式叫软起动），当泵或风机达到设定的流量或压力时，就自动地稳定转速而旋转。这种方法又可使机器在超过市电频率下运转，从而提高机器的出力（即“小马拉大车”）。目前，国内用于泵或风机调速的系列变频调速电气控制柜已广泛推广。

此外，采用晶闸管调压实现电动机多级调速装置，如上海产 ZN 系列智能控制柜及适用于大中型机器的带内反馈晶闸管串级调运的 NTYR 系列三相异步电动机，也可以进行无级调速。

（2）其他变速调节方法　有调换带轮变速、齿轮箱变速及水力偶合器变速等。

泵或风机变转速调节方法，不仅调节性能范围宽，而且并不产生其他调节方法所带来的附加能量损失，是一种调节经济性最好的方法。

4. 切削水泵叶轮调节

根据式$\frac{H_p}{H_m}=\left(\frac{D_{2p}}{D_{2m}}\right)^2\left(\frac{n_p}{n_m}\right)^2$可知，在保持转速 n 不变的情况下，减小叶轮直径 D 也可以改变泵的特性曲线，使泵的流量变小并降低能耗，如图 2-54 所示，但其可调节范围一般不大。实践证明，如果切削量不大，则切削后的泵与原泵在效率方面近似相等；但当切削量太大时，泵的效率将明显下降。

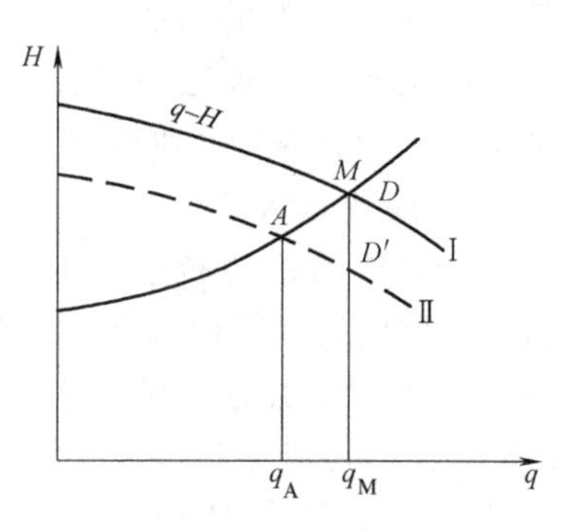

图 2-54　叶轮直径改变对工作点的影响

知识点三　复杂管路的配置

一、水管的配置规范

水管的配置规范

由于管路阻力、压力保护和水泵的汽蚀等方面的影响，为了保证管路和水泵的安全，需要对管路进行正确的配置。用微知库 App 扫描右侧二维码学习复杂水管的配置规范。

典型的水管系统要求见表 2-12。

表 2-12　典型的水管系统要求

管段名称	设施或操作	要　　求
吸入管段（图 2-55）	管径	需要进行水力计算，满足泵的必需汽蚀余量的要求。对于一般离心泵，管径比泵进口直径大 1~2 级或相等（级别以标准管规格为准）
	管道坡度	若进口管线可能存在气体，而吸液设备高于泵，则进口管道由吸液设备坡向泵，坡度最小于 1∶50
	截止阀	为便于维修和开车，应设置截止阀并尽可能靠近泵入口，直径与管径相同。为了节省阀门投资，当吸入管径比泵进口大二级时，可选用比进口管径大一级的阀门，但要验算汽蚀余量。若系统仅有一台泵，则截止阀压力等级应与进口管道相同。若系统有 2 台或 2 台以上泵，则截止阀及与泵之间的管件等级至少应为泵在正常操作温度下最大出口压力的 3/4
	过滤器	离心泵除物料脏或特殊要求外，一般不装永久性过滤器，但要装开车用临时过滤器。当管径 $D \leqslant 40$mm 时，也可安装永久性过滤器，并紧靠泵吸入管道截止阀的下游
排出管段（图 2-55）	截止阀	应设置截止阀，阀径与管径相同。若管径比泵出口大二级或二级以上，则阀门可比管径小一级。对于进、出口压差大于 4MPa 的离心泵，宜设置串联的双截止阀
	止回阀	每台离心泵在泵出口与截止阀之间应设置止回阀，直径与截止阀相同；泵出口管线为多分支时，宜在泵出口总管上设置止回阀；对进、出口压差大于 4MPa 的离心泵，每台泵可设置串联的双止回阀
	安全阀	若关闭出口阀，压力可能增大而毁坏管道或设备，则应设安全阀
	压力表	每台泵出口应装压力表（位于泵出口和第一个阀门之间的直管段上）

（续）

管段名称	设施或操作	要　求
放空气与放净（泄流）管段	放空气	除自行排气的泵外，均需设开车用放空气管道
	放净	离心泵出口管线上，在止回阀与截止阀之间应设放净阀
其他管段	低流量保护管道（图2-56）	离心泵如在低于泵的最小允许流量下运转，应设置低流量保护管道，使一部分流体从泵排出口返回至泵吸入口端的容器中 离心泵短期操作在额定流量的20%以下时，应装有限流孔板旁路（设截止阀或调节阀），其流量至少为额定流量的20%；若流体通过旁路孔板可能出现闪蒸，则应考虑增设相应的冷却措施 离心泵若长期运转在额定流量的30%以下，则应设孔板式调节旁路，且旁路与泵的吸液设备相连
	平衡管道（图2-57）	泵输送常温下饱和蒸汽压大于大气压或处在闪蒸状态的液体（尤其是立式泵）时，在泵进口与截止阀之间应设平衡管道，防止蒸汽进入泵体产生汽蚀。平衡管道尽可能靠近泵进口处引出，返回吸液设备的气相空间。平衡管道应设置截止阀
	高压管道（图2-58）	高扬程泵的出口截止阀两侧压差较大，阀单向受力较大，特别是大直径阀不易开启，应在阀的前后设DN20旁路，在主阀开启前，打开旁路阀，使主阀两侧压力平衡

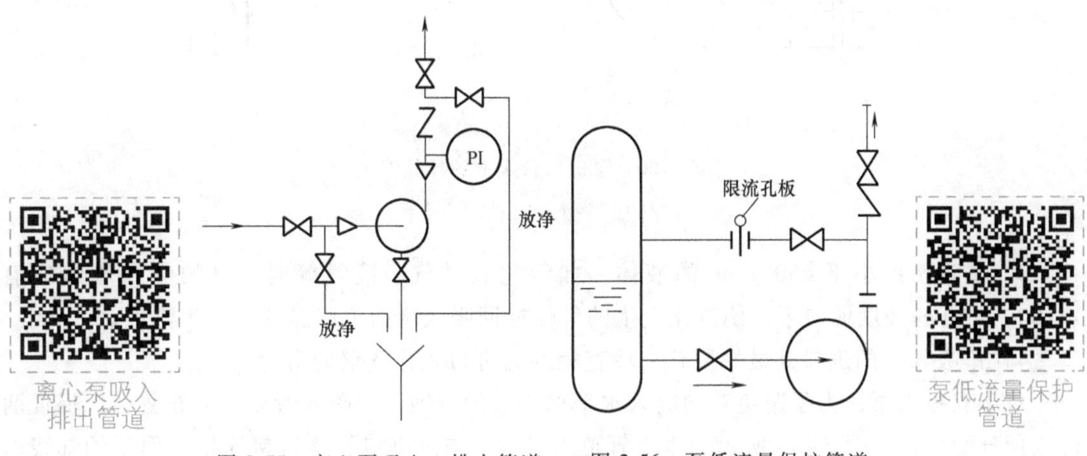

图2-55　离心泵吸入、排出管道　　图2-56　泵低流量保护管道

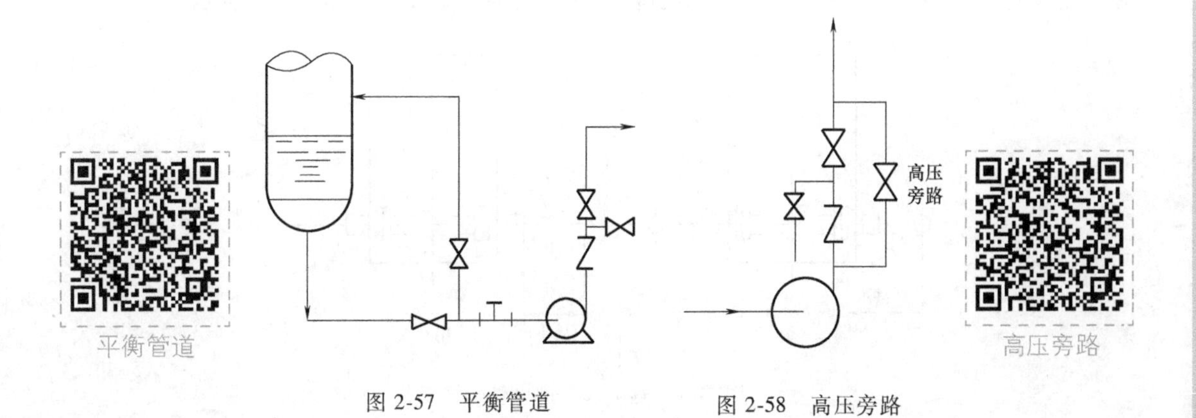

图2-57　平衡管道　　图2-58　高压旁路

二、离心泵的配管要求

1）为了避免管道、阀门的重量及管道热应力所产生的力和力矩超过泵进出口的最大允许外载荷，在泵的吸入和排出管道上须设置管架，如图 2-59 所示。泵管口允许最大载荷应由泵制造厂提供。

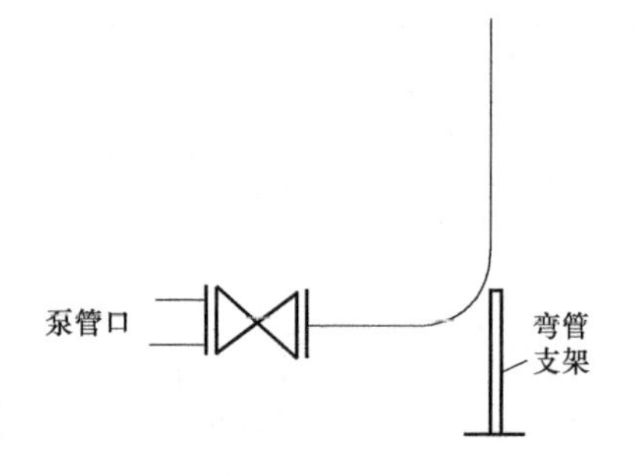

图 2-59　泵管口的弯管支架

2）为了提高泵的吸入性能，泵吸入管路应尽可能缩短，尽量少拐弯（弯头最好用大曲率半径），以减少管道阻力损失。为防止泵产生汽蚀，泵吸入管路应尽可能避免积聚气体的囊形部位。当泵的吸入管为垂直方向时，吸入管上若配置异径管，则应配置偏心异径管，以免形成气囊，如图 2-60 所示。

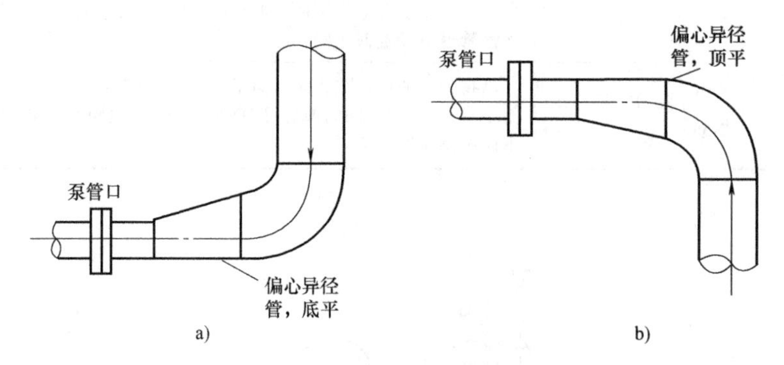

图 2-60　泵进口管线上的异径管

a）上部吸入　b）下部吸入

3）输送密度小于 650kg/m^3 的液体，如液化石油气、液氨等时，泵的吸入管道应有 1/100~1/10 的坡度坡向泵，使汽化产生的气体返回吸入罐内，以避免泵产生汽蚀。

4）单吸入泵的进口处最好配置一段直径约为进口直径 3 倍的直管。

对于双吸入泵，为了避免双向吸入水平离心泵的汽蚀，双吸入管要对称布置，以保证两边流量分配均匀。图 2-61a 所示为垂直管道通过弯头与泵进口管嘴直接连接，但泵的轴线一定要垂直于弯头所在的平面。此时，进口配管要求尽量短，弯头接异径管，再接进口法兰。在其他条件下，泵进口前应有直径不小于管径的 3 倍的直管段，如图 2-61b 所示。

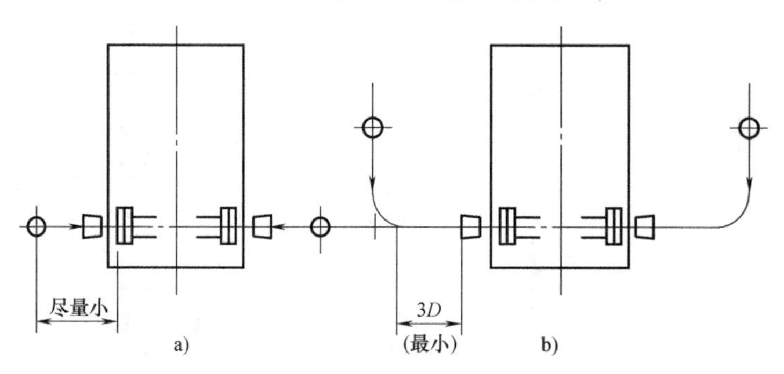

图 2-61　双吸入泵进口管配管

5）泵出口的截止阀和止回阀之间用泄液阀放净。当管径大于 DN50 时，也可在止回阀的阀盖上开孔装放净阀。同规格泵的进、出口阀门尽量采用同一高程。

6）非金属泵的进、出口管线上阀门的重量决不可压在泵体上，应设置管架，防止压坏泵体与开、关阀门时扭动阀门前后的管线。

7）泵在运行中一般有较大的振动，与泵连接的管线应很好地固定。

8）当泵出口中心线和管廊柱子中心线间的距离大于 0.6m 时，出口管线上的旋启式止回阀应 放在水平位置，此时不允许在阀盖上装放净阀。

三、泵的故障分析

用微知库 App 扫描右侧二维码学习离心泵的故障分析和排除方法。

离心泵的故障分析和排除方法

任务实施

1. 通过计算确定水泵的选择和安装高度是否合理。若选择得不合理，分析是否可以用双泵串联或并联的方式代替单台泵的运行；若安装高度不合理，分析如何通过计算确定合理的安装高度。

2. 根据计算和分析对水泵进行调整。

检测评分

将任务完成情况的检测评分填入表 2-13 中。

表 2-13 水泵的工作调整检测评分表

序号	检测项目	检测内容及要求	配分	学生自检	学生互检	教师检测	得分
1	职业素养	文明礼仪	5				
2		安全纪律	10				
3		行为习惯	5				
4		工作态度	5				
5		团队合作	5				
6	参数计算	管路阻力计算	30				
7	水泵的工作调整	安全规范	10				
8		正确操作	10				
9		数据整理和测试报告	20				
综合评价			100				

任务反馈

在任务完成过程中，是否存在表 2-14 中所列的问题，了解其产生原因并提出修正措施。

表 2-14 水泵工作调整中出现的误差项目、产生原因及修正措施

存在问题	产生原因	修正措施
管路流动参数与任务要求差异较大	水泵调整有误	
	参数测量有误	
管路出现漏水等状况	管路的加工连接有误	

作业习题

在微知库课程学习平台 PC 端完成相关作业习题，或者用微知库 App 扫描右侧二维码完成相关作业。

作业习题

任务拓展

拓展任务：离心泵串并联运行性能曲线测定试验

用微知库 App 扫描右侧二维码，下载离心泵串并联运行性能曲线测定试验指南。

离心泵串并联运行性能曲线测定试验

项目小结

本项目与项目一的区别在于管路更加复杂，所以需要用到更多的计算设计和运行调试技术。但学习者也应该注意到，不管什么流体工程，所涉及的基本流体力学理论和施工、运行技术都是大同小异的，掌握了这些方法和技巧就可以处理所有的流体工程问题了。当然，对于不同的工程，还需要掌握有针对性的设计和施工技术，这需要在实践中不断积累经验。

素养提升

美的——民族企业的担当

美的集团股份有限公司是世界 500 强之一，坐落在粤港澳大湾区的佛山市顺德区。在改革开放的大潮中，勇敢的顺德人将一个小小的集体企业建成了一家世界行业龙头企业。作为美的集团的一员，美的中央空调也异军突起，在技术研发和产品创新上站在了最前沿。

美的中央空调产品自 2000 年上市以来，到 2021 年已经占据中国中央空调市场份额的 17%，且不断呈跳跃性增长趋势，形势喜人。公司大量吸收海内外优秀人才，并建立获得 CNAS 认证的国家级测试中心，通过自主创新，在业内率先把多联机的容量扩展到 64 匹，成功中标首都国际机场 T3 航站楼配套等重要工程，被广东省对外贸易经济合作厅授予“先进技术企业”称号。

吃水不忘挖井人，在国家需要的时候，美的集团总是在第一时间站出来。2020 年 1 月，武汉出现疫情后，美的集团先后向武汉火神山医院、雷神山医院捐赠了空调、中央空调、热水器等各种急需设备，合计数千台。然而，当设备运到现场后，谁来安装调试，确保它们正常运作？近 200 名美的工程师挺身而出，奔赴两所医院的施工现场，夜以继日地进行设备安装调试，确保了两所医院的及时交付。这就是我们民族企业的担当。

项目三

中央空调风管系统的设计和施工

在制冷空调工程设计中，除了针对水这种流体的管路系统设计外，就是针对空气这种流体的管路系统设计了。而事实上，水路系统设计与空气系统设计除了流体的性质和设备选配存在差异外，在设计方法和原理等方面并没有太大的差异。本项目就针对某风管系统进行设计，请学习者领略本项目与前两个项目的共同点和差异。

本项目所要设计的中央空调风管系统如图 3-1 所示。管道采用镀锌钢板制作，室内送风用 600mm×600mm 的孔板送风口，风口开孔比为 0.3，每个风口送风量为 $1500m^3/h$，系统总

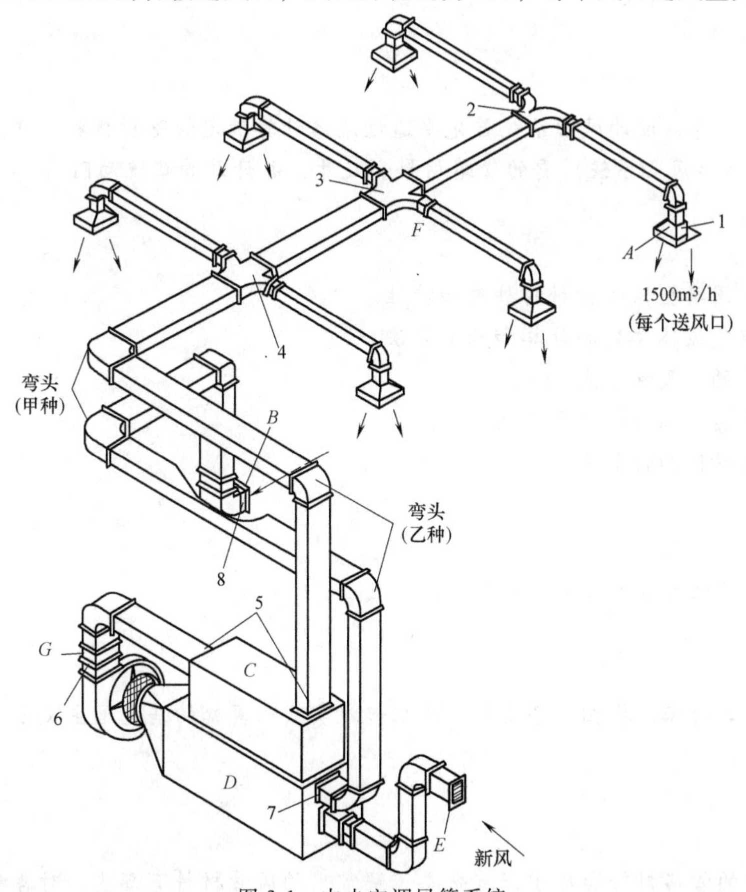

图 3-1　中央空调风管系统

A—送风口（孔板 600mm×600mm）　B—集中回风口（1250mm×800mm）　C—中效过滤器和消声器箱　D—空调箱　E—新风口　F—支风管多页调风门　G—总管多页调风口

风量为 $9000m^3/h$。另外，已知空气处理箱总阻力为 300Pa（包括出口的渐缩接头），中效过滤器及消声器的阻力为 250Pa；1-2 段管长 5m，2-3 段管长 6m，3-4 段管长 6m，4-5 段管长 20m，5-6 段管长 3.5m，7-8 段管长 25m。试确定该系统的管道尺寸，计算系统的总阻力，并根据阻力计算结果为系统选配合适的风机。

学习目标

1. 掌握空气流体参数的定义和计算方法。
2. 掌握空气管路材料的确定和尺寸计算方法。
3. 了解风机的类型和结构，掌握风机的选配方法。
4. 掌握风管的加工和制作方法。
5. 掌握风机的安装、运行、调试、故障分析及排除方法。
6. 通过复杂、接近实际工程项目问题的处理，帮助学生初步建立起系统分析、重点突破和工具创新的思维习惯。

任务 1　管路材料和尺寸确定

任务描述

与前面两个项目一样，设计风管系统首先要通过流体计算确定管路材料和尺寸。本任务的目的为确定图 3-1 所示风管系统所需的管路材料和尺寸，并计算管路流动阻力。

知识目标

1. 了解和掌握不同类型风管材料的种类和特性。
2. 了解和掌握空气流体参数的计算和确定方法。
3. 了解管路损失的类型和特点。
4. 掌握管路不同类型阻力的计算方法。
5. 掌握复杂管路的阻力计算方法。

技能目标

掌握按照设计和规范进行风管加工的方法。

素养目标

通过对比前述项目内容，找相同寻差异，建立起对实践出真知的马克思主义方法论的深刻理解。

知识准备

要确定风管系统的管路材料和尺寸，首先要了解常用的风管材料有哪些，对各种风管材料进行特性比较，并根据流量、流速等计算公式推算出所需要的管路截面尺寸。在流速确定以后再计算出管路流动阻力，为管路动力设备——风机的选配做准备。

知识点一 空气流体参数的确定

作为流体的一种，空气的流体参数也包括压力、温度、密度、比体积、热胀性、压缩性和表面张力等，通过相关设计手册或借助网络可以查取或者计算得到当地大气以及空调系统中空气的相关流体参数。空气的很多流体参数的概念和计算方法与水相同，这里不再重复，下面主要介绍一些气体特有的参数特性。

一、气体的压缩性和热胀性

压力和温度的改变对气体密度的影响很大，因此，气体具有十分显著的压缩性和热胀性。在 $p<20\text{MPa}$，$t>-20℃$ 的条件下，气体的压缩性和热胀性可用理想气体状态方程描述，即

$$\frac{p}{\rho}=R_g T \tag{3-1}$$

R_g 称为气体常数，单位为 J/(kg·K)，R_g 的值与气体的性质有关，而与气体的状态无关。同一种气体的 R_g 为一常数，不同气体的 R_g 值则各不相同。当温度不变时

$$\frac{p}{\rho}=\text{常数} \tag{3-2}$$

式（3-2）表明温度不变时，气体的密度与压力成正比。压力增大一倍，则密度也会增大一倍。当然，密度的增加存在一个极限，不可能无限度地增加。

式（3-1）中令压力为常数，则有

$$\rho T=\text{常数} \tag{3-3}$$

上式说明压力不变时，密度与温度成反比，温度增大一倍，则密度减小一倍。但是，在气体温度降到其液化温度以下时，上式不再适用。

对于速度远低于声速的低速气流（$v<68\text{m/s}$），若压强和温度变化较小，在通风工程中的气流密度非常小，可按不可压缩流体来处理。空气参数随温度变化情况见表 3-1。

表 3-1 空气参数随温度变化情况

温度/℃	声速/(m/s)	空气密度/(kg/m³)	声阻抗/(N·s/m³)
-10	325.4	1.341	436.5
-5	328.5	1.316	432.4
0	331.5	1.293	428.3
+5	334.5	1.269	424.5
+10	337.5	1.247	420.7
+15	340.5	1.225	417.0
+20	343.4	1.204	413.5
+25	346.3	1.184	410.0
+30	349.2	1.164	406.6

从表 3-1 中可以看到，随着温度变高，空气密度变小。表中的声速和声阻抗也是空气物理性质的一种，读者可自行学习。

二、黏度

一个大气压下的空气黏度见表 3-2。表中数据显示，气体的黏滞性随温度变化的规律与

液体刚好相反，温度越高，气体的黏滞性越大。

表 3-2　一个大气压下的空气黏度

t/℃	$\eta/(10^{-3}\text{Pa}\cdot\text{s})$	$\nu/(10^{-6}\text{m}^2/\text{s})$	t/℃	$\eta/(10^{-3}\text{Pa}\cdot\text{s})$	$\nu/(10^{-6}\text{m}^2/\text{s})$
0	0.0172	13.7	90	0.0216	22.9
10	0.0178	14.7	100	0.0218	23.6
20	0.0183	15.7	120	0.0228	26.2
30	0.0187	16.6	140	0.0236	28.5
40	0. 0192	17.6	160	0.0242	30.6
50	0.0196	18.6	180	0.0251	33.2
60	0.0201	19.6	200	0.0259	35.8
70	0.0204	20.5	250	0.0280	42.8
80	0.0210	21.7	300	0.0298	49.9

三、表面张力

气体不存在表面张力，因为气体因其分子的扩散作用而不存在自由界面。表面张力是液体的特有性质。

知识点二　风管材料确定和尺寸计算

中央空调风管材料的详细介绍和性能比较

一、风管材料简介

风管主要指中央空调系统的通风管道，它常常被忽视，但却是空调系统的重要组成部分。目前常见的风管主要有四种：镀锌薄钢板风管、无机玻璃钢风管、复合玻纤板风管、纤维织物风管。关于风管的详细信息，可用微知库 App 扫描右侧二维码下载学习，此处仅对四种风管作简单介绍。

镀锌薄钢板风管是最早使用的风管之一，它采用镀锌薄钢板制作，适合含湿量小的一般性气体的输送，有易生锈、无保温和消声功能、制作安装周期长的特点。

无机玻璃钢风管是较新的风管类型，采用玻璃纤维增强无机材料制作，它遇火不燃、耐蚀、份量重，硬度大但较脆，受自重影响易变形酥裂，无保温和消声性能，制作安装周期长。

复合玻纤板风管：是近年发展起来的风管类型，它以离心玻纤板为基材，内覆玻璃丝布，外覆防潮铝箔布（进口板材内涂热敏黑色丙烯酸聚合物，外层为稀纹布/ 铝箔/ 牛皮纸），用防火粘接剂复合干燥后，再经切割、开槽、粘接加固等工艺而制成，根据风管断面尺寸、风压大小再采用适当的加固措施。

纤维织物风管又常被称为布袋风管、布风管、纤维织物风管、纤维织物空气分布器，它是目前最新的风管类型，是一种由特殊纤维织成的柔性空气分布系统（Air Dispersion），是替代传统送风管、风阀、散流器、绝热材料等的一种送出风末端系统。它具有面式出风，风量大，无吹风感；整体送风均匀分布；防凝露；易清洁维护，健康环保；美观高档、色彩多样，个性化突出；重量轻，屋顶负重可忽略不计；系统运行宁静，改善环境品质；安装简单，缩短工程周期；安装灵活，可重复使用；全面节省系统成本，性价比高等种种优点。

二、风管尺寸计算

系统内空气流动参数是由系统的设计规范决定的，表 3-3 列出了风管系统内（空调适用）不同部位的推荐风速和最大风速；表 3-4 所列为考虑不同噪声要求和高速风道内的推荐风速。根据表 3-3 和表 3-4 选择各管段内的风速，并计算管道断面尺寸。在确定断面尺寸时，应尽量选择标准规格的风管。矩形风管的规格见表 3-5。

表 3-3 空气管道内推荐风速和最大风速

管道部位	推荐风速/(m/s)			最大风速/(m/s)		
	住宅	公共建筑	工厂	住宅	公共建筑	工厂
风机吸入口	3.5	4	5	4.5	5	7
风机出口	5~8	6.5~10	8~12	8.5	7.5~11	8.5~14
主风道	3.5~4.5	5~6.5	6~9	4~6	5.5~8	6.5~11
支风道	3	3~4.5	4~5	3.5~5	4~6.5	5~9
支管接出的风管	2.5	3~3.5	4	3.25~4	4~6	5~8

表 3-4 风管风速

低速风管				高速风管			
室内允许噪声/dB(A)	主管风速/(m/s)	支管风速/(m/s)	新风入口风速/(m/s)	风量范围/(m^3/h)	最大风速/(m^3/h)	风量范围/(m^3/h)	最大风速/(m/s)
25~35	3~4	≤2	3	1700~5000	12.5	25500~42500	22.5
35~50	4~7	2~3	3.5	5000~10000	15	42500~68000	25
50~65	6~9	2~5	4~4.5	10000~17000	17.5	68000~100000	30
65~85	8~12	5~8	5	17000~25500	20		

表 3-5 矩形风管的规格

<table>
<tr><th rowspan="2">边长
A×B
/(mm×mm)</th><th colspan="2">钢板制风管</th><th colspan="2">塑料制风管</th></tr>
<tr><th>边长允许误差
/mm</th><th>壁厚
/mm</th><th>边长允许误差
/mm</th><th>壁厚
/mm</th></tr>
<tr><td>120×120</td><td rowspan="20">-2</td><td rowspan="6">0.5</td><td rowspan="20">-2</td><td rowspan="14">3.0</td></tr>
<tr><td>160×120</td></tr>
<tr><td>160×160</td></tr>
<tr><td>220×120</td></tr>
<tr><td>200×160</td></tr>
<tr><td>200×200</td></tr>
<tr><td>250×120</td><td rowspan="14">0.5</td></tr>
<tr><td>250×160</td></tr>
<tr><td>250×200</td></tr>
<tr><td>250×250</td></tr>
<tr><td>320×160</td></tr>
<tr><td>320×200</td></tr>
<tr><td>320×250</td></tr>
<tr><td>320×320</td></tr>
<tr><td>400×200</td><td rowspan="6">4.0</td></tr>
<tr><td>400×250</td></tr>
<tr><td>400×320</td></tr>
<tr><td>400×400</td></tr>
<tr><td>500×200</td></tr>
<tr><td>500×250</td></tr>
</table>

（续）

<table>
<tr><th rowspan="2">边长
$A \times B$
/(mm×mm)</th><th colspan="2">钢板制风管</th><th colspan="2">塑料制风管</th></tr>
<tr><th>边长允许误差
/mm</th><th>壁厚
/mm</th><th>边长允许误差
/mm</th><th>壁厚
/mm</th></tr>
<tr><td>500×320</td><td rowspan="31">-2</td><td rowspan="3">0.5</td><td rowspan="3">-2</td><td rowspan="3">4.0</td></tr>
<tr><td>500×400</td></tr>
<tr><td>500×500</td></tr>
<tr><td>630×250</td><td rowspan="15">1.0</td><td rowspan="28">-3</td><td rowspan="9">5.0</td></tr>
<tr><td>630×320</td></tr>
<tr><td>630×500</td></tr>
<tr><td>630×630</td></tr>
<tr><td>800×320</td></tr>
<tr><td>800×400</td></tr>
<tr><td>800×500</td></tr>
<tr><td>800×630</td></tr>
<tr><td>800×800</td></tr>
<tr><td>1000×320</td><td rowspan="6">6.0</td></tr>
<tr><td>1000×400</td></tr>
<tr><td>1000×500</td></tr>
<tr><td>1000×630</td></tr>
<tr><td>1000×800</td></tr>
<tr><td>1000×1000</td></tr>
<tr><td>1250×400</td><td rowspan="13">1.2</td><td rowspan="5">7.5</td></tr>
<tr><td>1250×500</td></tr>
<tr><td>1250×630</td></tr>
<tr><td>1250×800</td></tr>
<tr><td>1250×1000</td></tr>
<tr><td>1600×500</td><td rowspan="8">8.0</td></tr>
<tr><td>1600×630</td></tr>
<tr><td>1600×800</td></tr>
<tr><td>1600×1000</td></tr>
<tr><td>1600×1250</td></tr>
<tr><td>2000×800</td></tr>
<tr><td>2000×1000</td></tr>
<tr><td>2000×1250</td></tr>
</table>

三、风管中空气流动质量和能量守恒定律

空气流动同样遵守两个基本定律：质量守恒定律和能量守恒定律。质量守恒定律与水系统相同，这里不再重复。一个基本的认识是，对于空调系统中的空气，由于增压有限，可以

将其近似看成不可压缩流体。

能量守恒方程 $z_1+\frac{p_1}{\rho g}+\frac{v_1^2}{2g}=z_2+\frac{p_2}{\rho g}+\frac{v_2^2}{2g}+h_{l1-2}$ 在流速不高（小于 68m/s），压力变化不大时，同样适用于气体。对于气体流动，能量方程中各项水头的值不大，习惯上将方程各项乘以 ρg 转变为压力。因此，能量方程就变为

$$\rho g z_1+p_1+\frac{\rho v_1^2}{2}=\rho g z_2+p_2+\frac{\rho v_2^2}{2}+p_{l1-2} \tag{3-4}$$

式中　p_1 和 p_2——绝对压力，以便和相对压力 p_{1e}、p_{2e} 相区别；

$p_{l1-2}=\rho g h_{l1-2}$。

对于液体流动，能量方程中可以采用绝对压力，也可以采用相对压力。对于气体流动，能量方程则只能采用绝对压力。

绝对压力为相对压力与当地大气压之和，大气压力随高度的增加而减少。当两个断面高度差较大时，大气压力的差别会比较明显。对于液体流动，由于液体密度远大于空气密度，可以忽略大气压力因高度差造成的差异。对于气体流动，在高度差大，气体密度和空气密度不等的情况下，则必须考虑大气压的差异。如图 3-2 所示，如果在高度为 z_1 的断面 1 上大气压力为 p_b，则在高度为 z_2 的断面 2 上，大气压力减为 $p_b-\rho_a g(z_2-z_1)$，其中 $\rho_a g$ 为空气密度，因此

$$p_1=p_b+p_{1e}$$

$$p_2=p_b-\rho_a g(z_2-z_1)+p_{2e}$$

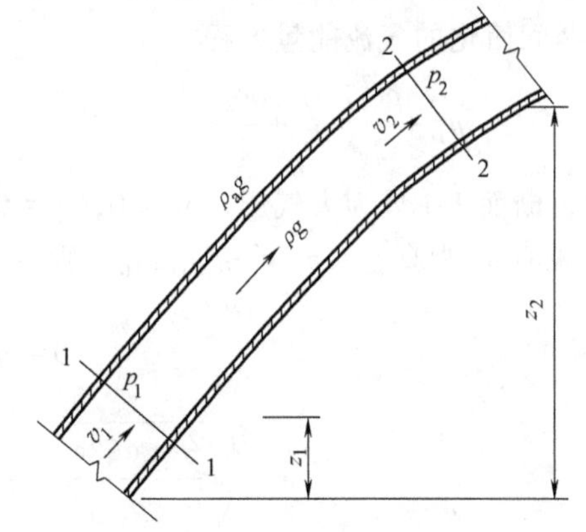

图 3-2　气体的相对压力和绝对压力

将 p_1 和 p_2 代入气体能量方程

$$p_b+p_{1e}+\rho g z_1+\frac{\rho v_1^2}{2}=p_b-\rho_a g(z_2-z_1)+p_{2e}+\rho g z_2+\frac{\rho v_2^2}{2}+p_{l1-2}$$

消去 p_b，整理得到

$$p_{1e}+\frac{\rho v_1^2}{2}+g(\rho_a-\rho)(z_2-z_1)=p_{2e}+\frac{\rho v_2^2}{2}+p_{l1-2} \tag{3-5}$$

这就是**稳定气流能量方程**，方程中各项都具有压力的量纲。各项意义如下：

式中　p_{1e}、p_{2e}——静压，即两断面相对压力；

$g(\rho_a-\rho)(z_2-z_1)$——位压，即密度差与高度差的乘积，位压可正可负；

ρ——管中气体密度；

$\frac{\rho v_1^2}{2}$、$\frac{\rho v_2^2}{2}$——动压；

p_{l1-2}——两断面间的压力损失。

当管中气体与空气间 ρg 差很小，或高度差很小时，位压项可忽略，此时气流能量方程简化为

$$p_1+\frac{\rho v_1^2}{2}=p_2+\frac{\rho v_1^2}{2}+p_{l1\text{-}2} \tag{3-6}$$

此时，式中两端压力取相对压力和绝对压力均可，一般取相对压力较为方便。显然，管中空气流动应采用上述简化形式。对于烟道中的气流，因密度与空气密度差异较大，高度差高达几十米甚至几百米，只能采用式（3-5）进行计算。

例 3-1 图 3-3 所示为测量风机流量用集流管装置，若风管直径 $d=12\text{cm}$，空气密度 $\rho=1.2\text{kg/m}^3$，水柱吸上高度为 $h_0=12\text{mm}$。不计损失，求空气流量。

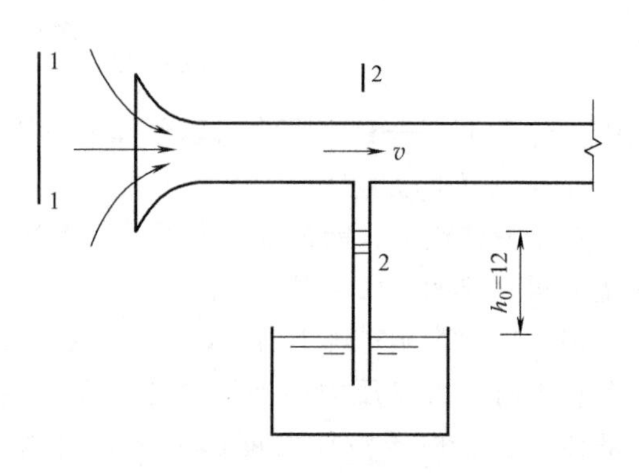

图 3-3　风机流量测定

解： 将断面 1-1 取在离喇叭形集流管入口足够远处，流速接近于 0。断面 2-2 设在安装静压测压管位置。由于风道中流动的是空气，且两断面均在同一水平线上，故只需列出 1-2 间简化的气流能量方程

$$p_{1e}+\frac{\rho v_1^2}{2}=p_{2e}+\frac{\rho v_2^2}{2}+p_{l1\text{-}2}$$

式中，断面 1-1 处为大气压，$p_{1e}=0$，$v_1=0$；$p_{l1\text{-}2}=0$。水在断面 2-2 测压管中被吸上一定高度，说明 p_2 为真空，$p_{2e}=-\rho_{H_2O}gh_0$，则

$$0=-\rho_{H_2O}gh_0+\frac{\rho v_2^2}{2}$$

$$v_2=\sqrt{\frac{2\rho_{H_2O}gh_0}{\rho}}=\sqrt{\frac{2\times9800\times0.012}{1.2}}\text{m/s}=14\text{m/s}$$

风管中的空气流量就是风机的流量，则

$$q=v_2A=14\times\frac{\pi}{4}\times(0.12)^2\text{m}^3/\text{s}=0.158\text{m}^3/\text{s}$$

例 3-2 图 3-4 中静压箱 A 的气体压力恒定为 $12\text{mmH}_2\text{O}$，经过直径 $d=10\text{cm}$，长度 $l=100\text{m}$ 的管 B 流到大气中。进出口高差为 40m，沿程压力损失为 $p_l=9\frac{\rho v^2}{2}$。当（1）气体为与大气温度相同的空气时；（2）气体为 $\rho=0.8\text{kg/m}^3$ 的煤气时，分别求管中流速、流量，以及管中间位置 B 点的压力。

解：（1）气体为空气时，用简化的气体能量方程计算流速。列出 A-C 间能量方程

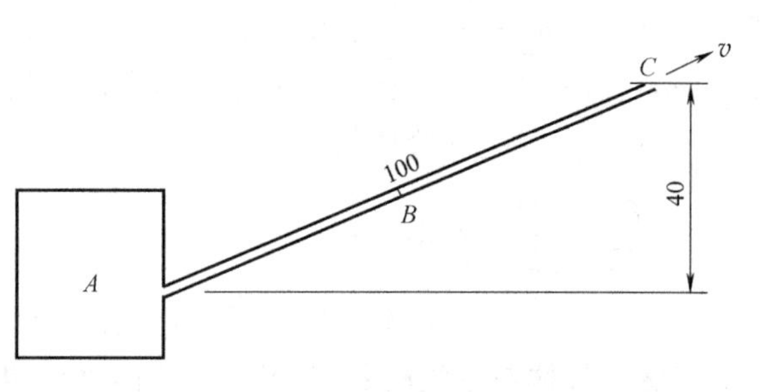

图 3-4　计算流量和流速

$$p_{Ae}+\frac{\rho v_A^2}{2}=p_{Ce}+\frac{\rho v_C^2}{2}+p_{lA\text{-}C}$$

由于 $v_A=0$，$p_{Ce}=0$，故

$$p_{Ae}=\frac{\rho v_C^2}{2}+\frac{9\rho v_C^2}{2}=5\rho v_C^2$$

$$v_C=\sqrt{\frac{p_{Ae}}{5\rho}}=\sqrt{\frac{12\times9.8}{5\times1.2}}\text{m/s}=4.43\text{m/s}$$

$$q=4.43\times0.1^2\times\frac{\pi}{4}\text{m}^3/\text{s}=0.0348\text{m}^3/\text{s}$$

取 B-C 断面列能量方程，以计算 B 点压力

$$p_{Be}+\frac{\rho v_B^2}{2}=p_{Ce}+\frac{\rho v_C^2}{2}+p_{1B\text{-}C}$$

因为 $v_B=v_C$，所以

$$p_{Be}=p_{1B\text{-}C}=\frac{1}{2}\times\frac{9}{2}\times1.2\times(4.43)^2\text{N/m}^2=52.99\text{N/m}^2$$

（2）气体为煤气时，用稳定气流能量方程计算流速。列出 A-C 间能量方程

$$p_{Ae}+\frac{\rho v_A^2}{2}+g(\rho_a-\rho)(z_C-z_A)=p_{Ce}+\frac{\rho v_C^2}{2}+p_{1A\text{-}C}$$

$$p_{Ae}+g(\rho_a-\rho)z_C=\frac{\rho v_C^2}{2}+\frac{9}{2}\rho v_C^2=5\rho v_C^2$$

$$\begin{aligned}v_C&=\sqrt{\frac{p_{Ae}+(\rho_a-\rho)z_C}{5\rho}}\\&=\sqrt{\frac{12\times9.8+(1.2-0.8)\times9.8\times40}{5\times0.8}}\text{m/s}\\&=8.28\text{m/s}\end{aligned}$$

$$q=v_CA=8.28\times\frac{\pi}{4}\times(0.1)^2\text{m}^3/\text{s}=0.065\text{m}^3/\text{s}$$

计算 B 点压力，列出 B-C 间气体能量方程

$$p_{Be}+\frac{\rho v_B^2}{2}+g(\rho_a-\rho)(z_C-z_B)=p_{Ce}+\frac{\rho v_C^2}{2}+p_{1B\text{-}C}$$

$$p_{Be}+g(\rho_a-\rho)\times20=\frac{9}{2}\times\frac{\rho v_C^2}{2}$$

$$\begin{aligned}p_{Be}&=\frac{9}{4}\rho v_C^2-g(\rho_a-\rho)\times20\\&=\left[\frac{9}{4}\times0.8\times(8.28)^2-(1.2-0.8)\times9.8\times20\right]\text{N/m}^2\\&=45\text{N/m}^2\end{aligned}$$

四、空气流动阻力的计算

空气流动阻力与水系统流动阻力一样，包括沿程阻力和局部阻力两种。其中，沿程阻力由沿程流动摩擦引起，局部阻力则为因局部压力、速度急剧变化而产生的压力损失。

1. 空气系统的沿程阻力计算

沿程阻力的精确计算方法与水管系统的阻力计算相同，这里不再重复。

工程中也有一些较为简单的空气流动阻力的计算方法，即用比摩阻线解图辅助设计。对

于精确度要求不是很高的通风系统，可用下式粗略计算风管压力损失

$$h_1 = R_m l(1+k) \tag{3-7}$$

式中　h_1——总风管压力损失，Pa；

R_m——比摩阻，单位长度风管的摩擦阻力损失，Pa/m；

l——到最远送风口的送风管总长度加上到最远回风口的回风口总长度，m；

k——局部阻力损失与摩擦阻力损失的比值，一般弯头、三通少时，$k=1.0\sim2.0$；弯头、三通多时，$k=3.0\sim5.0$。

图 3-5 所示为通风管道比摩阻线解图。该图分为两部分，右边根据速度 v、管道直径或矩形管道的速度当量直径 d_e（图中为 D）在纵坐标中查出比摩阻 R_m。左图为针对绝对粗糙度 K 的修正。若已知 K，则在右图中找出 v 和 d_e 的交点后引出与横坐标的平行线到右图与相应 K 值相交，在右图中找出左图中的相应 R_m 即可。换言之，不作绝对粗糙度修正时，在右图中即可查出 R_m；需作 K 值修正时，要引线到左图才能得到 R_m 的值。

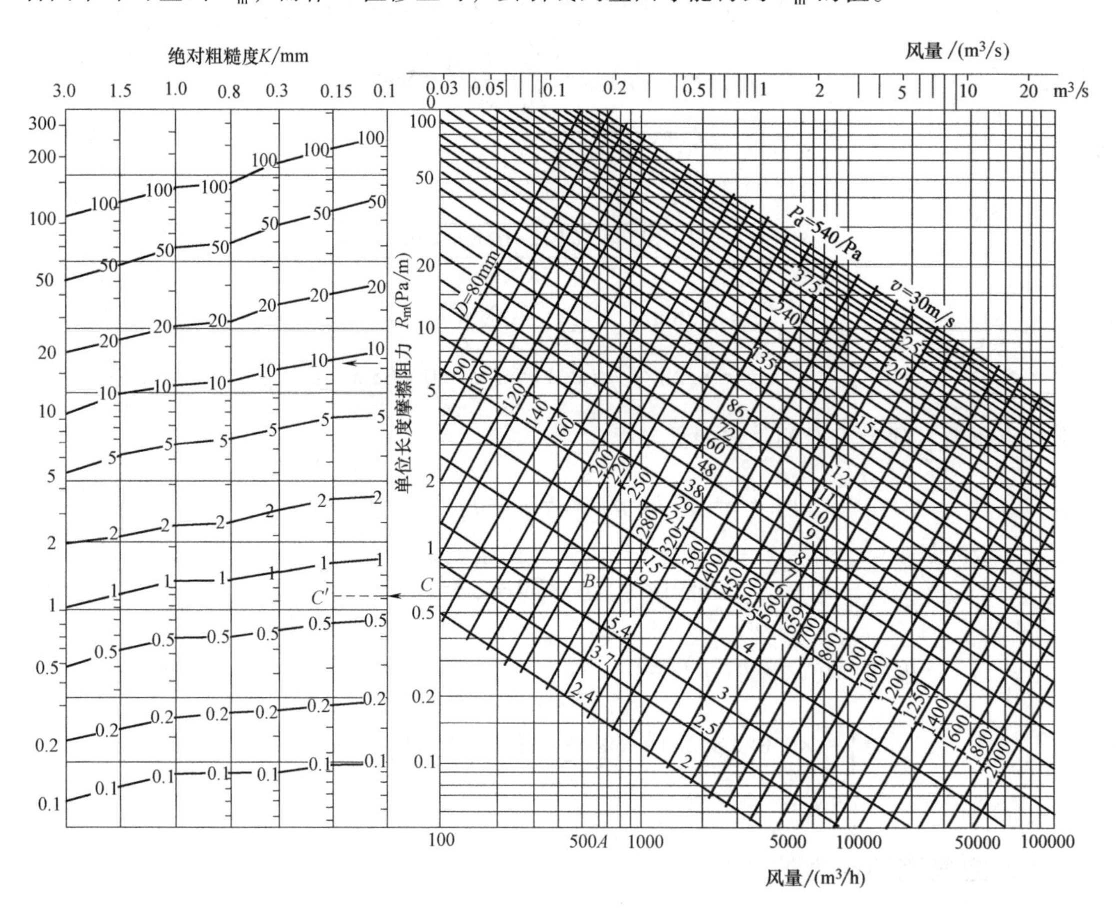

图 3-5　通风管道比摩阻线解图

例 3-3　一钢板制矩形风道，断面尺寸为 550mm×300mm，风量 $q=700\text{m}^3/\text{h}$，空气温度 $t=20℃$，$\rho=1.205\text{kg/m}^3$，$v=15.06\times10^{-6}\text{m}^2/\text{s}$。求当量直径和雷诺数，并判断其流态。矩形风道长度为 50m，计算风道的沿程压力损失。

解：

$$d_e = 2\times\frac{550\times300}{550+300}\text{mm}\approx0.388\text{mm}$$

$$v = 1.178\text{m/s}$$

$$Re = 30349.5$$

查表 2-1，取 $K=0.15\text{mm}$，则 $\frac{K}{d_e}=0.00039$

按 Re 和 $\frac{K}{d_e}$ 查莫迪图得 $\lambda=0.025$

再用公式计算 λ，先判别阻力区：

$$11\left(\frac{\nu}{K}\right)=11\times\frac{0.157\times10^{-4}}{0.15\times10^{-3}}=1.15$$

$$455\left(\frac{\nu}{K}\right)=455\times\frac{0.157\times10^{-4}}{0.15\times10^{-3}}=47.62$$

$$11\left(\frac{\nu}{K}\right)<v<455\left(\frac{\nu}{K}\right)$$

流动属紊流过渡区，因此

$$\lambda=0.11\left(\frac{K}{d_e}+\frac{68}{Re}\right)^{0.25}=0.11\times\left(\frac{0.15\times10^{-3}}{388\times10^{-3}}+\frac{68}{30349.5}\right)^{0.25}=0.025$$

与查图结果完全相同。

$t=80℃$时，查得 $\rho=971.8\text{kg/m}^3$，则

$$p_f=\lambda\frac{l}{d_e}\frac{\rho v^2}{2}=0.025\times\frac{50}{388\times10^{-3}}\times\frac{971.8\times(1.178)^2}{2}\text{Pa}=2172.28\text{Pa}$$

例 3-4 有一薄钢板制成的矩形风道，断面尺寸为 500mm×400mm，风量为 3400m³/h，求比摩阻 R_m（绝对粗糙度 $K=0.15\text{mm}$）。

解：矩形风道内的空气流速为

$$v=\frac{q}{A}=\frac{3400}{3600}\times\frac{1}{0.5\times0.4}\text{m/s}=4.72\text{m/s}$$

矩形风道流速当量直径 d_e 为

$$d_e=\frac{2ab}{a+b}=\frac{2\times0.5\times0.4}{0.5+0.4}\text{m}=0.44\text{m}$$

由 $v=4.72\text{m/s}$，$d_e=0.44\text{m}$，以及 $K=0.15\text{mm}$，从图 3-6 中查出 $R_m=0.7\text{Pa/m}$。

2. 空气系统局部阻力计算

空气系统局部阻力的计算方法与水管系统相同，见项目一任务三。常用局部管件的局部阻力系数可用微知库 App 扫描右侧二维码查取。

风管阻力查询图表

任务实例

一公共建筑直流式空调系统如图 3-6 所示，已知每个风口的风量为 1500m^3/h，空气处理装置的阻力（过滤器 50Pa，表冷器 150Pa，加热器 70Pa，空气进、出口及箱体内附加阻力 35Pa）为 305Pa，空调房间内的正压为 10Pa，管道材料为镀锌钢板。要求：设计空气管道尺寸并计算用以选取风机的总阻力。

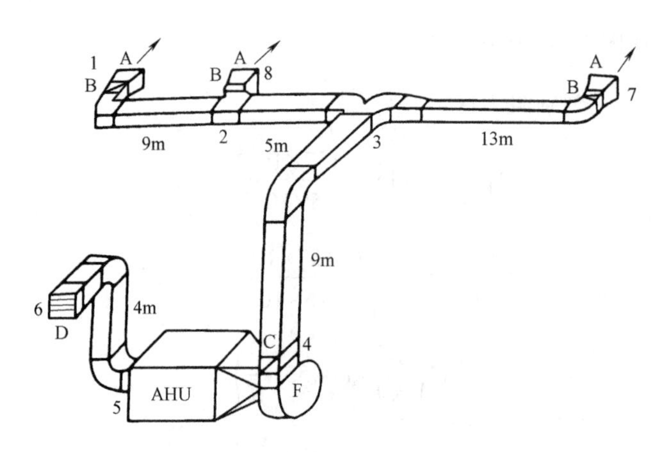

图 3-6　空调管路系统布置简图

A—送风口　B—变径弯头　C—风量调节阀　D—固定百叶风格　F—风机　AHU—空气处理装置

1. 风管系统设计步骤

1）配置好并绘制风管走向示意图。

2）根据表 3-3 和表 3-4 选择各管段内的风速，并计算管道断面尺寸。在确定断面尺寸时，应尽量选择标准规格的风管（查表 3-5 确定风管尺寸）。

3）按选定的管道断面，求实际管内流速，然后计算各管段的摩擦阻力及局部阻力。计算时选择系统最不利管路（管路阻力最大的一条管路）作为计算的出发点。最不利管路一般为管路系统中最长管路或局部构件最多的管路。

4）按系统阻力平衡的原则，确定其他分支管段的管径，且使各相连支管间的阻力平衡（一般要求它们的阻力差小于 15%）。在不可能通过调整分支管径使阻力平衡时，可利用风阀进行调节。

5）管路系统的阻力与空气处理装置的阻力之和为风管系统的总阻力，据此选择风机。选择风机时，一般要考虑留 10%~15%的裕量，以补偿可能存在的漏风和阻力计算偏差。

2. 风管设计中的注意事项

对于精确度要求不是很高的通风系统，可利用比摩阻图粗略计算风管压力损失。

1）风道阻力计算方法很多，在一般的通风空调系统中，用的最多的是**等压损法**和**假定速度法**。等压损法是以单位长度风管有相等的压力损失为前提的。在已知风机总作用压力的情况下，将总压力值按风管长度平均分配给风管的各部分，再根据各部分的风量和分配到的作用压力确定风管的尺寸。假定速度法是以风管内空气流速为控制指标的，用它来确定风管的断面尺寸和压力损失。相对而言，大多数的工程设计步骤都是先确定风管尺寸再选风机，所以假定速度法应用得较为普遍。

2）对于空调系统，在计算总阻力时，要考虑空气在通过过滤器、换热器等空调装置时的压力损失；对于其他系统也是一样的。

3. 具体设计过程

（1）确定最不利管路　根据图 3-6 所示的管道布置及各管段的长度，确定计算的最不利管路为 1-2-3-4-5-6。

（2）计算摩擦阻力和局部阻力　根据各管段的风量及选定的流速确定各管段的断面尺寸，并计算该管段的摩擦阻力和局部阻力。

1）管段 1-2：总长 9m，包括 1 个百叶风口、1 个渐扩管、1 个风量调节用多叶阀、1 个弯头、1 个分流三通的直通管。

① 摩擦阻力计算。根据表 3-3，取管内流速 $v_{1\text{-}2}=4.0\text{m/s}$，则管道断面应为

$$A_{1\text{-}2}=\frac{1500}{4.0\times3600}\text{m}^2=0.104\text{m}^2$$

根据表 3-5 取断面尺寸为 320mm×320mm，则实际面积为 0.102m^2，故实际流速 $v_{1\text{-}2}=4.07\text{m/s}$。

按流速当量直径 $d_e=\frac{2ab}{a+b}=\frac{2\times320\times320}{320+320}\text{mm}=320\text{mm}$ 及实际流速 $v_{1\text{-}2}=4.07\text{m/s}$，查图 3-5 得单位长度摩擦阻力 $R_{m1\text{-}2}=0.7\text{Pa/m}$，故该管段的摩擦阻力为 $p_{f1\text{-}2}=R_{m1\text{-}2}l_{1\text{-}2}=0.7\times9\text{Pa}=6.3\text{Pa}$。

② 局部阻力计算。

风管阻力查询图表

百叶风口：取风口平均风速为 3.0m/s，则风口面积 $A=\frac{1500}{3.0\times3600}\text{m}^2=0.139\text{m}^2$，取风口尺寸为 450mm×320mm，实际平均流速为 2.89m/s。查右侧二维码所对应的风管阻力查询图表，取活动百叶风口出风时局部阻力系数 $\zeta=3.5$。对应的管内流速在有效面积为 80%时为 $v=2.89\text{m/s}/0.8=3.6\text{m/s}$。

渐扩管：单面扩大的渐扩管，其面积比为 0.139/0.102=1.36，近似为 1.5，则在扩散角为 30°时，局部阻力系数 $\zeta=0.11$，对应流速为 4.07m/s。

风量调节用多叶阀：按 0°全开时矩形风道内四平行叶片阀查阻力查询图表，得 $\zeta=0.83$。

弯头：方形 90°弯头，当 $b/h=1.0$，$R/b=1$ 时，$\zeta=0.29$。

分流三通的直通管：分流前管段的流量为 $3000\text{m}^3/\text{h}$，取流速为 5.0m/s，选定管道断面为 500mm×320mm（宽×高），实际流速为 5.2m/s。由此查阻力查询图表内 90°矩形分流三通，求出 $L_2/L=0.5$，$A_2/A=0.102/0.139=0.64$。插值得 $\zeta=0.1$，对应总管流速。

2）管段 2-3：总长 5m，包括 1 个矩形分叉分流三通。

① 摩擦阻力计算。摩擦阻力按流速 5.2m/s，当量直径 $d_e=\frac{2\times0.5\times0.32}{0.5+0.32}\text{m}=0.39\text{m}$（390mm）查图 3-5 得，$R_{m2\text{-}3}=0.8\text{Pa/m}$。则 $p_{f2\text{-}3}=0.8\times5\text{Pa}=4.0\text{Pa}$。

② 局部阻力计算。矩形分叉分流三通：先确定总管的面积，已知风量为 $4500\text{m}^3/\text{h}$，设流速为 6m/s，选定管道断面为 630mm×320mm，实际流速为 6.2m/s。求支管与总管的面积比 $A_1/A=\frac{0.5\times0.32}{0.63\times0.32}=0.79$。经插值得 $\zeta=0.27$。

3）管段 3-4：总长 9m，包括 1 个弯头、1 个风量调节阀、1 个风机出口渐扩管。

① 摩擦阻力计算。已知管内流速为 6.2m/s，求当量直径 $d_e=\frac{2\times0.62\times0.32}{0.62+0.32}\text{m}=0.422\text{m}$（422mm）。查图 3-5 得 $R_{m3\text{-}4}=1.0\text{Pa/m}$。变径弯头变换断面尺寸为 500mm×400mm 后，单位摩擦阻力仍无大变化，故管段 3-4 的总摩擦阻力为 $p_{f3\text{-}4}=1\times9\text{Pa}=9\text{Pa}$。

② 局部阻力计算。

弯头：为变断面尺寸的 90°弯头，近似按等断面矩形弯头计算，取 $R/b=1.0$，$b/h=1.0$，得 $\zeta=0.29$。

风量调节阀：全开时 $a=0$，叶片数 $n=4$，查得 $\zeta=0.83$。

风机出口渐扩管：若未正式选定风机型号，可暂设风量和估计压头相近的风机，并查出其出口断面尺寸（具体的风机型号选择将在下一任务讲述，这里只作设计程序上的了解）。若选定某一风机，则查厂家资料得其出口断面尺寸为 360mm×315mm，则渐扩管两端面尺寸为（360mm×315mm）~（500mm×400mm），取管长为 380mm，则中心角约为 20°，两断面面积比 $\frac{A_1}{A_0}=\frac{0.5\times0.4}{0.36\times0.315}=1.76$。查得 $\zeta=0.14$，对应动压按风机出口断面流速计算。

4）空气处理装置 4-5（包括进、出口部件阻力在内）：总阻力已知。

5）管段 5-6：总长 4m，包括 1 个新风百叶风格、1 个入口渐缩管、2 个弯头。

① 摩擦阻力计算。单位长度摩擦阻力 $R_{m5\text{-}6}=R_{m3\text{-}4}=1.0\text{Pa/m}$，故摩擦阻力 $p_{f5\text{-}6}=1\times4\text{Pa}=4\text{Pa}$。

② 局部阻力计算。

新风百叶风格：取有效面积为 80%，选用风速为 5m/s，则其面积应为 $A=\frac{4500}{5\times0.8\times3600}\text{m}^2=0.3125\text{m}^2$。取断面尺寸为 630mm×500mm，则风口实际平均速度为 $v=\frac{4500}{0.63\times0.5\times3600}\text{m/s}=4\text{m/s}$。查得 $\zeta=0.9$（对应平均风速的动压）。

渐缩管：断面 630mm×500mm 单面收缩至 400mm×500mm，当 $\alpha=30°$时，$\zeta=0.1$。

弯头（2 个）：对于 90°弯头，当 $R/b=1.0$，$b/h=0.8$ 时，$\zeta=0.28$；当 $b/h=1.2$ 时，$\zeta=0.3$。

（3）支管阻力平衡计算

1）管段 7-3：此段所有的直管部分、风口、调节阀和弯头等，均与管段 1-2 的管件具有相同的摩擦阻力系数及局部阻力系数，但需要计算分叉三通及渐缩管的局部阻力系数。

分叉三通：$\frac{A_2}{A_1}=320\times320/(630\times320)=0.508$，故 $\zeta=0.304$；渐缩管：$\alpha=20°$，$\zeta=0.1$。

2）管段 8-2：同管段 7-3，只需计算分流三通的局部阻力系数。

分流三通：条件同管段 1-2 的直通局部阻力系数计算，查得 $\zeta=0.42$。

将上述各管段的阻力计算结果列入专门设计的计算表内（见表 3-6），经统计得

$$p_{f1\text{-}2}=47.42\text{Pa}$$

$$p_{f8\text{-}2}=44.8\text{Pa}$$

故不平衡率为 $\frac{47.42-44.8}{47.42}\times100\%=5.5\%<15\%$，满足要求。为改善两管段的平衡性，可

利用调节阀进行调整。

对于管段 1-3 与 7-3 间的不平衡率，则有

$$p_{f1\text{-}3}=57.62\text{Pa}$$

$$p_{f7\text{-}3}=55.03\text{Pa}$$

故不平衡率为$\dfrac{57.62-55.03}{57.62}\times100\%=4.5\%<15\%$，满足要求。同样可用调节阀改善不平衡性，使风口流量更为均匀。

表 3-6　管路阻力计算表

管段编号	风量 L /(m³/h)	管长 l /m	初选风速 v/(m/s)	管道尺寸 $a\times b$ /(mm×mm)	当量直径 d_e/mm	实际流速 v/(m/s)	单位长度摩擦阻力 R/(Pa/m)	摩擦阻力 p_f/Pa	动压 $\frac{v^2\rho}{2}$ /Pa	局部阻力系数 ζ	局部阻力 p_m /Pa	管段总阻力 p_f+p_m /Pa	备注
1-2	1500	9	4	320×320	320	4.07	0.7	6.3					
						3.6			7.78	3.5	27.2		新风百叶
						4.07			9.94	0.11	1.1		渐扩管
										0.83	8.3	47.42	调节阀
										0.29	2.9		弯头
						5.2			16.2	0.1	1.62		三通
2-3	3000	5	5	500×320	390	5.2	0.8	4.0					
						6.2			23	0.27	6.2	10.2	分叉三通
3-4	4500	9	6	620×320	422	6.2	1.0	9.0	23	0.29	6.67		弯头
				(500×400)	(444)	(6.25)			23.4	0.83	19.4	45.27	调节阀
						11			72.9	0.14	10.2		渐扩管
4-5												305	
													空气处理装置
5-6	4500	6		500×400	444	6.25	1.0	4.0	23.4	0.28+0.3	13.6		2 弯头
										0.82	19.3	36.8	渐缩管
7-3	1500	13	4	320×320	320	4.07	0.7	9.1	9.94	0.11+0.83 +0.29	12.23		见管段 1-2 管件
									7.78	3.5	27.2		
									16.2	0.304+0.1	6.5	55.03	分叉三通
													渐缩管
8-2	1500	2	4	320×320	320	4.07	0.7	1.4	9.94		9.4+27.2	44.8	与管段 1-2 相比少一弯头
						5.2			16.2	0.42	6.8		三通

任务实施

1）参考任务实例，针对项目任务计算管路尺寸和管路阻力，写出详细计算过程并将结果汇集成表（自行设计表格）。

风管制作施工工艺标准

2）用微知库 App 扫描右侧二维码，学习风管制作施工工艺标准，并参照标准进行风管施工。风管施工不要求完成完整风管的施工，可以制作风管的一段。

检测评分

将任务完成情况的检测评分填入表 3-7 中。

表 3-7 管路材料和尺寸确定检测评分表

序号	检测项目	检测内容及要求	配分	学生自检	学生互检	教师检测	得分
1	职业素养	文明礼仪	5				
2		安全纪律	10				
3		行为习惯	5				
4		工作态度	5				
5		团队合作	5				
6	参数计算	管路阻力计算	30				
7	风管加工	安全规范	10				
8		正确操作	10				
9		风管尺寸误差大	20				
综合评价			100				

任务反馈

在任务完成过程中，是否存在表 3-8 中所列的问题，了解其产生原因并提出修正措施。

表 3-8 管路材料和尺寸确定中出现的误差项目、产生原因及修正措施

存在问题	产生原因	修正措施
管路阻力计算误差较大	管路阻力计算有误	
管路出现漏风等状况	管路的加工连接有误	

作业习题

在微知库课程学习平台 PC 端完成相关作业习题，或者用微知库 App 扫描右侧二维码完成相关作业。

作业习题

任务 2 风机的选配和安装

任务描述

本任务将根据前一任务所计算的管路阻力，为图 3-1 所示的风管系统选配合适的风机。同样，风机也是企业生产的系列产品，计算所确定的风机参数和最终选择的风机参数有一定的差距，需要在风机的运行调试中予以调整。

知识目标

1. 了解不同类型风机的结构和工作原理。

2. 掌握风机的计算选型方法。

技能目标

掌握风机的安装、运行和调试方法。

素养目标

通过对行业发展状态的了解，体会中国制造业的强盛和完整，建立国家和民族自豪感。

知识准备

选配风机，首先要了解不同类型风机的结构、工作原理和工作特性，根据任务要求确定所需类型，然后计算风机选型所需的关键依据参数：风压和流量。有些企业的产品除提供了系列产品的性能参数表，还提供了性能曲线图以方便对系列产品的选型，所以需要了解和熟悉风机性能曲线的表达方式。最后，需要了解风机的安装、运行和调试方法。

知识点一　风机的类型与型号

一、风机分类

风机在空气管路系统中充当动力部件，用微知库 App 扫描右侧二维码，了解风机在中央空调系统中的安装位置和功能。

风机结构和工作原理

风机按结构不同，主要分为离心式、轴流式、斜流式和贯流式。

1. 离心式风机

离心式风机的整机构造可以参考图 3-7 所示的分解图。离心风机主要由叶轮和机壳组成，小型风机的叶轮直接装在电动机上，中、大型风机通过联轴器或带轮与电动机连接。离心式风机一般为单侧进气，用单级叶轮；流量大的可双侧进气，用两个背靠背的叶轮式，又称为双吸式离心风机。离心式风机的工作原理：由电动机带动叶轮旋转，叶轮中的叶片迫使气体旋转，对气体做功，使其能量增加，气体在离心力的作用下，向叶轮四周甩出，通过涡型机壳将速度能转换成压力能，当叶轮内的气体排出后，叶轮内的压力低于进风管内的压力，新的气体在压力差的作用下吸入叶轮，气体就连续不断地从风机内排出。

离心式风机主要结构分解示意图

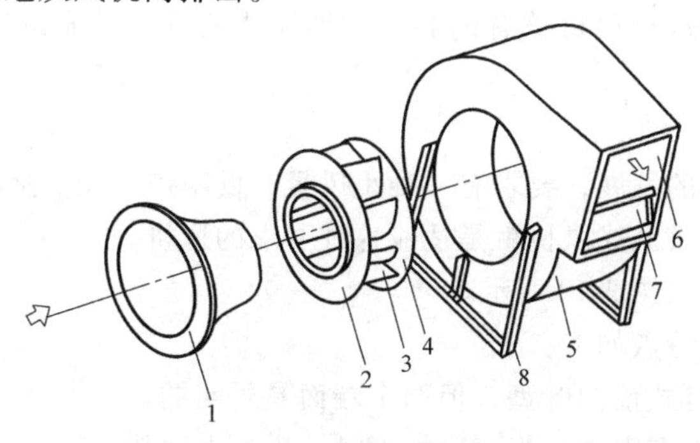

图 3-7　离心式风机主要结构分解示意图

1—吸入口　2—叶轮前盘　3—叶片　4—后盘　5—机壳　6—出口　7—截流板（风舌）　8—支架

2. 轴流式风机

轴流式风机的基本构造如图 3-8 所示。它主要由圆形风筒、吸入口、装有扭曲叶片的轮毂、流线形轮毂罩、电动机、电动机罩、扩压管等组成。

轴流式风机的叶轮由轮毂和铆在其上的叶片组成，叶片从根部到梢部常呈扭曲状态或与轮毂呈轴向倾斜状态，安装角一般不能调节。大型轴流式风机的叶片安装角是可以调节的。与轴流式泵一样，调整叶片安装角，就可以改变风机的流量和风压。大型风机进气口上常常装置导流叶片，出气口上装置整流叶片，以消除气流增压后产生的旋转运动，提高风机效率。

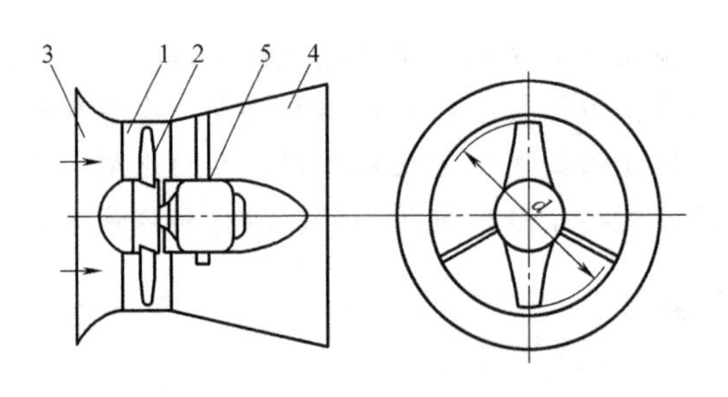

轴流式风机基本构造

图 3-8 轴流式风机的基本构造

1—圆形风筒 2—叶片及轮毂 3—钟罩形吸入口 4—扩压管 5—电动机及轮毂

轴流式风机的种类很多：只有一个叶轮的轴流式风机称为单级轴流式风机；为了提高风机压力，把两个叶轮串在同一根轴上的风机称为双级轴流式风机。图 3-8 所示的轴流式风机，其电动机与叶轮同壳装置，这种风机结构简单、噪声小，但由于这种风机的电动机直接处于被输送的风流之中，若输送温度较高的气体，就会降低电动机效率。为了克服上述缺点，工程中采用一种长轴轴流式风机，如图 3-9 所示。

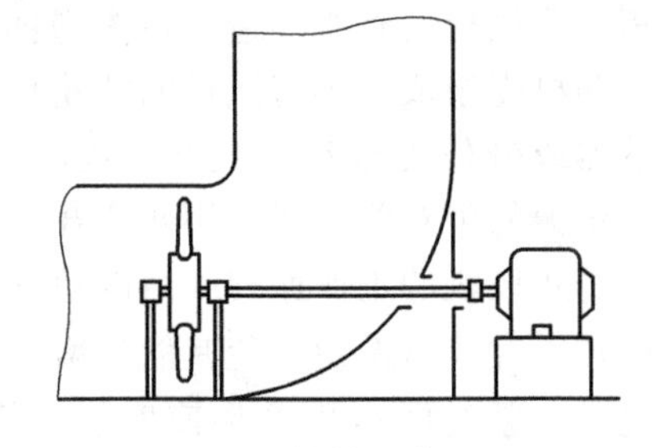

图 3-9 长轴轴流式通风机

3. 斜流式风机

斜流式风机又称混流式风机，这类风机的气体以与轴线成某一角度的方向进入叶轮，在叶道中获得能量，并沿倾斜方向流出。风机的叶轮和机壳的形状为圆锥形。这种风机兼有离心式和轴流式的特点，流量范围和效率均介于两者之间。

4. 贯流式风机

由于空气调节技术的发展，要求有一种小风量、低噪声、压头适当和安装时便于与建筑物相配合的小型风机。贯流式风机就是适应这种要求的风机。

贯流式风机的结构如图 3-10 所示。

贯流式风机的主要特点如下：

1）叶轮一般是多叶式前向叶型，但两个端面是封闭的。

2）叶轮的宽度 b 没有限制，当宽度加大时，流量也增加。

3）贯流式风机不像离心式风机那样在机壳侧板上开口使气流轴向进入风机，而是将机

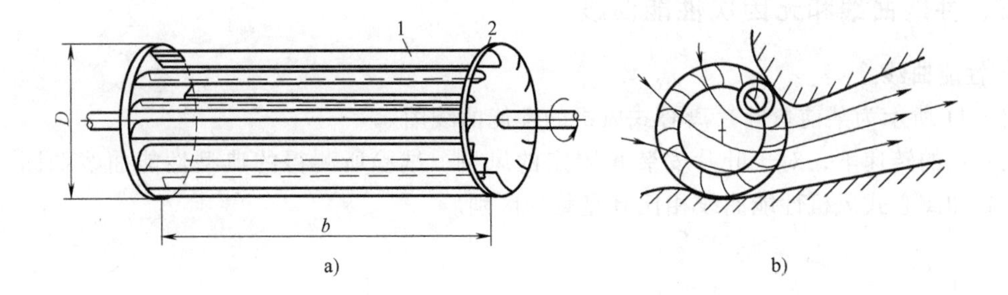

图 3-10　贯流式风机的结构

a）贯流式风机结构示意图　b）贯流式风机中的气流走向

1—叶片　2—封闭端面

壳部分地敞开使气流直接径向进入风机，气流横穿叶片两次。某些贯流式风机在叶轮内缘加设了不动的导流叶片，以改善气流状态。

4）在性能上，贯流式风机的效率较低，一般为 30%~50%。

5）进风口与出风口都是矩形的，易与建筑物相配合。

贯流式风机至今还存在许多问题有待解决。特别是各部分的几何形状对其性能有重大影响，不完善的结构甚至会使风机完全不能工作，但小型贯流式风机的使用范围正在稳步扩大。

二、风机型号规格

表 3-9 所列为某通风设备厂 4-72（A 式）离心通风机的规格参数。

表 3-9　某厂提供的产品性能参数表

	机号（No.）	功率/kW	转速/(r/min)	流量/(m^3/h)	全压/Pa
 4-72(A 式)离心通风机	2.8A	1.5	2900	1199~2497	1054~642
	3.2A	2.2	2900	1789~3728	1378~840
		1.1	1450	895~1863	343~210
	3.6A	3	2900	2824~5584	1673~1048
		1.1	1450	1412~2792	417~262
	4A	5.5	2900	4253~7864	2135~1399
		1.1	1450	2126~3922	531~349
	4.5A	7.5	2900	6055~11196	2707~1773
		1.1	1450	3027~5598	672~441
	5A	15	2900	8192~16382	3378~2140
		2.2	1450	4096~8192	837~532
	6A	5.5	1450	7420~15900	1272~8480
		4	1450	7078~14154	1207~767
		1.5	960	4685~9371	528~336
	7A	7.5	1450	8480~19080	14840~901
		11	1450	11238~22476	1643~1043

三、性能曲线和无因次性能曲线

1. 性能曲线

图 3-11 所示为某前弯叶片离心式风机的性能曲线图。

在一定的转速下，对于叶片安装角固定的风机，试验所测得的典型性能曲线如图 3-12 所示，它和离心式风机性能曲线相比有显著的区别。

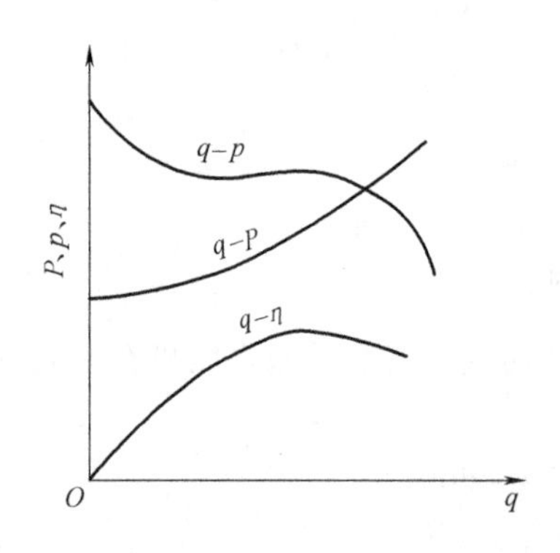

图 3-11 前弯叶片离心式风机的性能曲线图

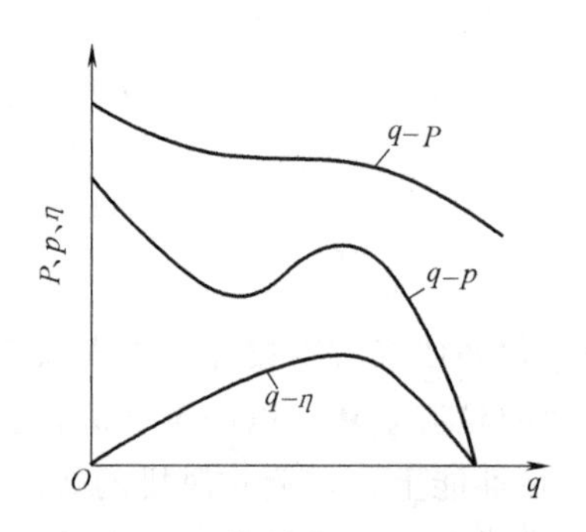

图 3-12 轴流式风机的性能曲线

2. 风机的无因次性能曲线

由于同类风机具有几何相似、运动相似和动力相似的特性，因此可以采用无量纲特征数来表示其特性。用无量纲特征数画成的曲线对同一系列的相似通风机来讲都是相同的，它综合反映了同一系列的通风机的性能（前述的性能曲线只能代表其中某一种型号风机的特性）。

无量纲特征数可用流量系数 $\overline{q}$、压力系数 $\overline{p}$、功率系数 $\overline{P}$ 来表示，它们分别为

$$\overline{q}=\frac{q}{\frac{\pi}{4}D_2^2u_2} \tag{3-8}$$

$$\overline{p}=\frac{p}{\rho u_2^2} \tag{3-9}$$

$$\overline{P}=\frac{1000P}{\frac{\pi}{4}D_2^2\rho u_2^3} \tag{3-10}$$

$$\eta=\frac{\overline{q}\,\overline{p}}{\overline{P}} \tag{3-11}$$

$$u_2=\frac{\pi D_2 n}{60} \tag{3-12}$$

式中 D_2——叶轮直径，m；

ρ——气体密度，kg/m^3；

u_2——叶轮圆周速度，方向与圆周切线方向一致，m/s；

n——风机转速，r/min。

根据上述计算结果，就可绘制出 $\overline{q}$-$\overline{p}$，$\overline{q}$-$\overline{P}$，$\overline{q}$-η 特性曲线，如图 3-13 所示。

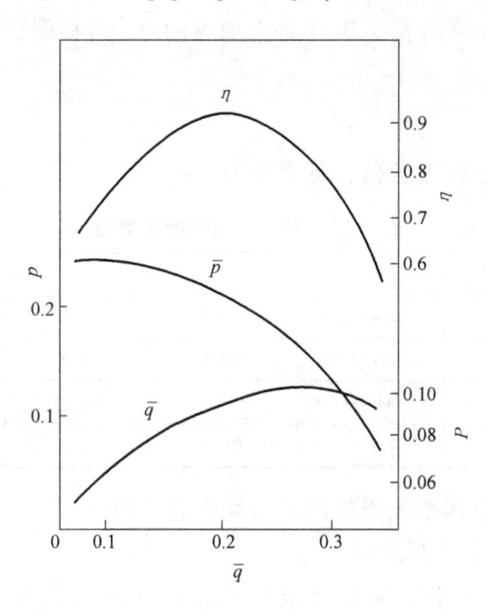

图 3-13　4-72 型离心式通风机的无因次性能曲线

通风机的无因次性能曲线全面地反映了系列相似通风机的性能，是选择通风机的依据。

3. 推算某一类型风机任意型号机的性能参数

例 3-5　某系列离心式通风机的无因次特性参数见表 3-10。

表 3-10　某系列离心式通风机的无因次特性参数

选取点	1	2	3	4	5	6
流量系数 $\overline{q}$	0. 1884	0. 2051	0. 2218	0. 2385	0. 2552	0. 2719
压力系数 $\overline{p}$	0. 458	0. 452	0. 434	0. 413	0. 390	0. 363
效率 η(%)	90. 7	93	94. 3	93. 7	91	88. 2

试计算当同系列某风机叶轮直径 $D=1\text{m}$，转速 $n=1450\text{r/min}$ 时，风机的性能参数。

解： 首先 $u_2=\dfrac{\pi D_2 n}{60}=\dfrac{3.14\times1\times1450}{60}\text{m/s}=75.883\text{m/s}$

因此根据公式 $\overline{q}=\dfrac{q}{\dfrac{\pi}{4}D_2^2u_2}$

有 $q=\dfrac{\pi}{4}\overline{q}D_2^2u_2=\dfrac{\pi}{4}\times0.1884\times1^2\times75.883\text{m}^3/\text{s}=11.223\text{m}^3/\text{s}=40403\text{m}^3/\text{h}$

同理，根据公式 $\overline{p}=\dfrac{p}{\rho u_2^2}$可以计算 p，将计算结果填入表 3-11。

而 $\eta=\dfrac{\overline{q}\,\overline{p}}{\overline{P}}$，已知对于同类型相似风机具有相同的 $\overline{q}$、$\overline{p}$ 和 $\overline{P}$，所以两种风机效率对应相

等，将效率值填入表 3-11。

根据公式 $\eta=\frac{\overline{q}\,\overline{p}}{\overline{P}}$可以计算出表 3-10 中各选取点的 $\overline{P}$，再根据公式 $\overline{P}=\frac{1000P}{\frac{\pi}{4}D_2^2\rho u_2^3}$求得 P，并将计算结果填入表 3-11。

由此可得各相应点的性能参数值，见表 3-11。

表 3-11　相应点的性能参数值

选取点	1	2	3	4	5	6
流量 $q/(m^3/h)$	40403	44024	47609	51193	54778	58362
压力 $p/(N/m^2)$	3166	3125	3000	2855	2696	2509
轴功率 P/kW	39.21	41.09	42.07	43.33	45.08	46.12
效率 η(%)	90.7	93	94.3	93.7	91	88.2

根据上述计算，可以直接绘制出该风机的性能曲线图。

4. 利用无因次性能曲线选择风机

例 3-6　现要选配一台风机，参数要求：风量 $q=11500m^3/h$，全压 $p=850N/m^2$，已知输送气体密度 $\rho=1.2kg/m^3$，现厂家提供了如图 3-13 所示的无因次性能曲线图，试根据此图选择风机。

解：由图 3-14 可以查得该型风机的最高效率点为：$\overline{q}=0.21$，$\overline{p}=0.416$，根据公式 $\overline{q}=\frac{q}{\frac{\pi}{4}D_2^2u_2}$有 $D_2=\left(\frac{4q}{\pi\overline{q}u_2}\right)^{0.5}$，根据公式 $\overline{p}=\frac{p}{\rho u_2^2}$有 $u_2=\left(\frac{p}{\rho\,\overline{p}}\right)^{0.5}$，于是

$$D_2=\left(\frac{4}{\pi}\right)^{0.5}\left(\frac{\rho\,\overline{p}}{p}\right)^{0.25}\left(\frac{q}{\overline{q}}\right)^{0.5}=1.128\times\left(\frac{1.2\times0.416}{850}\right)^{0.25}\times\left(\frac{3.194}{0.21}\right)^{0.5}m=0.685m$$

根据 D_2可以选择适当的风机。再根据公式可计算该风机转速为

$$n=\frac{60u_2}{\pi D_2}=\frac{60}{\pi D_2}\left(\frac{p}{\rho\,\overline{p}}\right)^{0.5}=\frac{60}{\pi\times0.685}\times\left(\frac{850}{1.2\times0.416}\right)^{0.5}r/min=1152r/min$$

知识点二　风机的安装、操作和维修

风机安装规范

风机的安装规范可用微知库 App 扫描右侧二维码进行学习，或者按照下面介绍的要点进行。

1. 风机的安装、调整和试运行

（1）安装前的检查　风机安装前应对各机件进行全面检查，核实机件是否完整，叶轮与机壳的旋转方向是否一致，各机件的连接是否紧密，转动部分是否灵活等。如发现问题，应调整、修好，然后在一些结合面上涂一层润滑脂或机械油，以防生锈造成拆卸困难。

（2）安装时的注意事项

1）风机与风管连接时，要使空气在进出风机时尽可能均匀一致，不要有方向或速度的突然变化，更不许将管道重量加在风机壳上。

2）风机进风口与叶轮之间的间隙对风机出风量影响很大，安装时应严格按照图样要求进行校正，确保其轴向与径向的间隙尺寸。

3）对用带轮传动的风机，在安装时要注意两带轮外侧面必须成一直线。否则，应调整电动机的安装位置。

4）对用联轴器直接传动的风机，安装时应特别注意主轴与电动机轴的同心度，同心度公差要求为0.05mm，联轴器两端面的平行度公差要求为0.02mm。

5）风机安装完毕后，拨动叶轮，检查是否有过紧或碰撞现象。待总检合格后，才能进行试运转。

（3）风机的试运转　风机的起动和试运转必须在无载荷的情况下进行。待达到额定转速后，逐步将进风管道上的闸阀开启，直至达到额定工况为止，在此期间，应严格控制电流，不得超过电动机的额定值。

2. 风机的操作与维护

（1）起动前的准备工作

1）将风机进口管道中的闸阀微开或关闭。

2）检查风机各部分的间隙尺寸，转动部分与固定部分有无碰撞和摩擦现象。

（2）运行中应注意的问题

1）只有在风机设备完好、正常的情况下方可起动运行。

2）运行过程中如发现流量过大，不符合使用要求，或短时间内需要较少的流量时，可利用节流装置进行调整，以达到使用要求。

3）风机运行过程中应经常检查轴承温度是否正常，轴承温升不得大于40℃，表面温度不大于70℃。当发现风机有剧烈振动、撞击、摩擦声，轴温迅速上升等反常现象时，必须紧急停车，检查并消除存在的问题。

（3）风机的维护保养

1）定期清除风机内部积灰、污垢等杂质，并防止锈蚀。

2）除每次检修后必须更换润滑脂外，正常情况下可根据实际情况更换润滑脂。

3）为了确保人身安全，风机的检修维护必须在停车的状态下进行。

3. 风机的拆卸程序

由于风机结构不同，拆卸程序差异很大，在风机说明书中一般均有说明，故在这里不予介绍，下面只就拆卸时需注意的几点加以说明：

1）在拆卸前，除了应将拆卸用工具和材料准备齐全外，对于输送煤气或其他有害气体的风机，还须先将进口和出口管道中的闸门关闭严密，必要时需堵上盲板。若进口和出口向下时，可将水灌入下部管道内进行水封。灌入的水位高度应保证管道中的有害气体不漏入工作场所。

2）拆卸压力给油润滑的风机时，应首先将润滑油在没有冷却前放净并过滤，然后将油管与机体相连接的法兰脱开。

3）吊起上机壳或转子时应保持水平位置，以免撞坏机件。多级鼓风机的机壳纵向接合面不应拆开。如是排送热气体的铸铁机壳，则必须等到机壳内部冷却后，才能吊起上机壳。

4）拆卸滑动轴承前应先测量轴衬间隙和推力面间隙。拆卸密封前应先测量密封间隙。

5）拆卸时，应检查所拆卸的机件是否有打印的标志。对于某些需要打印标志而没有打印的机件，必须补打印标志，以便于在装配时装回原位置。

需要打印的机件包括不许装错位置或方向以及影响平衡度等的机件，如键、盖、轴衬及其垫环、联轴器及其销、离心式通风机的进气口、轴流式通风机的可拆叶片等。

6）拆卸后，应对拆卸下来的机件进行清洗，除掉尘垢。

4. 叶轮的修理

叶轮是转子中较易磨损的机件。它所输送的气体中含硬性颗粒越多，则磨损越快。如排送烟气或煤粉的叶轮常在短期内就被磨损报废。当磨损过多时，不仅会引起风机的剧烈振动，还可能发生事故。故不仅要定期检修叶轮，有时还要更换新叶轮。

更换个别叶片或制造新叶轮的叶片时，需注意叶片的材料。一般叶片是用普通碳素钢板制成的，有特殊要求的风机叶片用铝板制成。当鼓风机叶轮圆周速度较高时，常采用优质碳素钢板或合金结构钢板等制成。

在剪切叶片时，注意叶片的出口端边缘应与制造叶片的钢板压延纹路方向相一致，叶片通常由压型胎压成。若由锤击而成，则必则须注意保持叶片表面的光滑和表面弯曲半径的大小。对于铆接叶轮，若制造叶片折边有困难，则可酌情改为焊接叶轮。

装配叶轮上的叶片时，应先将叶片逐一称过，将质量相等或相差较少的叶片安放在叶轮轮盘的对称位置上，借以减小叶轮的偏心，从而减小叶轮的不平衡度。铆接叶轮的叶片与轮盖和轮盘（轴盘）的对应孔，最好配钻或配铰。

叶片位置安装正确与否，对风机性能影响较大，故安装叶片时必须符合各项规定（可查相关手册）。

对于制成的叶轮，需将叶片的进口和出口处的毛刺除掉，清扫叶道，并进行修整，然后根据叶轮结构及需要进行动、静平衡校正。离心式通风机叶轮的表面形状和位置公差不应超过相关规定。

5. 主轴的修理

制作主轴的材料，除了有特殊要求的需要用合金钢材料外，一般都用35或45优质碳素结构钢制成。不能用Q275等普通碳素结构钢来代替。

主轴的缺陷及其修理方法见表3-12。

表3-12　主轴的缺陷及其修理方法

序号	缺陷名称	产生缺陷的原因	修理方法
1	表面受伤或损坏	1）外露表面受撞击或刻划，出现碰痕、划痕和磨痕等缺陷 2）外露表面未妥善维修，出现锈迹 3）风机长期振动，使轴的阶梯断面处产生龟裂，或表面产生裂纹	1）用锉刀锉去，并用浸过油的纱布打磨光。当伤痕严重，或深度大于1～2mm、面积大于10mm^{2}时，应更换新轴 2）如情况严重，应更换新轴
2	轴颈表面磨损	1）因润滑不良而致使磨损过多 2）轴承安装歪斜，轴承螺栓松弛，轴弯曲或转子的动不平衡过大等，使轴颈受不均匀的磨损而产生椭圆度和圆锥度 3）润滑油带进金属砂屑，使轴颈被擦伤和磨出沟槽	当磨损量不大于1mm^{2}时，可进行车削或磨削，并利用修补巴氏合金来补偿。如磨损量大于1mm^2，则应进行焊补，然后切削修复
3	轴弯曲过大	1）由于安装不正，使轴与密封圈之间间隙过小，因摩擦过热而弯曲 2）由于基础下沉不均，使轴与轴衬因摩擦过热而弯曲，或由于振动使轴受撞击处的金属松弛而弯曲 3）补焊时，由于局部过热而弯曲	轴弯曲度超过0.5～1mm时，应进行矫正或更换新轴

新制的主轴上不能有裂纹、凹痕和毛刺等缺陷。装轴承的轴颈，其表面粗糙度值不低于标准规定数值。轴上各个配合表面的圆度公差和圆锥度公差均不大于配合面公差之半。其碰伤及擦伤的深度不大于0.05~0.1mm。

6. 联轴器的修理

离心式通风机的联轴器常采用标准的橡胶弹性圈柱销联轴器。风机的联轴器除采用标准的联轴器外，也常用锻钢制的皮革弹性圆柱销联轴器，它与标准的联轴器只是材料不同，而结构和形式相差不大。

两种联轴器的弹性圈均易磨损，如磨损过多应予更换。皮革圈可以自制，制法是将优质皮革制成外径稍大的圈，一个个套在销钉上压紧，再在砂轮上磨小到规定尺寸即可。橡胶圈如一时买不到成品，可用皮革圈代替。

更换弹性圈时，应将同一联轴器的全部弹性圈同时换掉，并将质量相等或接近的销钉装入对称的位置。否则，就会使销钉受力不均，破坏转子的平衡精度，从而使传动情况变坏。

7. 转子的装配

新制成的或经过修理的带轮或叶轮在装入轴上之前，必须进行静平衡校正或动平衡校正，以减少转子的动不平衡度。

通风机的叶轮与轴的配合一般采用过渡配合，在装配时通常用压力机压入或大锤打入，但也有采用加热法进行装配的。

离心式风机的叶轮与轴常采用静配合，故装配时采用加热法。加热的温度一般应略低于轴盘材料的低温退火温度，最好不大于180~220℃，以免表面氧化。对于高温用风机，它的轴盘未经热处理，故可将加热温度提高到350℃或更高些，但不应高于风机输送的介质温度。

装在风机主轴上的任何两个互相接触的零件的接触面之间，均应留有规定的膨胀间隙。

装配完的转子要做动平衡校正，以保证转子在工作时能稳定地正常运转。

8. 密封装置的修理

密封装置的缺陷主要有：由于损坏或磨损使间隙过大；修刮水平中分面，使间隙过小；修刮轴瓦，使间隙下部过小和上部过大。间隙过小时，只需加以刮研即可修复；如间隙过大或已损坏，则需要更换新的密封装置。

9. 机壳漏气的修理

离心式风机的铸铁机壳水平中分接合面漏气时，应用塞尺或压铅丝法进行该接合面间隙的检查。如自由间隙（未拧紧螺栓时的间隙）不大于0.08mm，可用亚麻仁混合膏或洋干漆抹在接合面上；如间隙大于0.08mm而不大于0.15mm，应垫上0.05~0.1mm的铅丝或直径为0.25mm的软铜丝，然后加涂上述填料；如间隙大于0.15m，则应进行刮研，同时找好密封间隙，然后按上述方法加涂填料，以防漏气。

亚麻仁混合膏组成物的质量分数：亚麻仁油50%，黑铅粉20%，红铅粉20%，白铅油10%。其制法是先将亚麻仁油用温火熬煎3h左右，待其形成黏糊状后，再将其他成分加入搅拌即成。

当通风机钢板机壳的漏气情况严重时，应在中分面上更换密封垫或加上密封垫。密封垫一般可用石棉板或石棉绳，也可用其他垫用材料。

10. 轴承的修理

滚动轴承的损坏往往是由于质量不好和油脂润滑不良。滚动轴承损坏时，除应更新轴承外，还应检查润滑情况及其他原因。

滑动轴承的损坏往往是润滑系统故障引起的，有时也是由振动过大及安装不良造成的。一般说来，如果轴衬合金与轴承衬的脱壳面积大于该半个轴承衬面积的20%，或轴衬合金表面的磨损、擦伤、剥落和熔化等部位大于轴承衬接触面积的25%，应重新浇注轴承合金；低于上述数字时可予以焊补。如果轴衬合金出现裂纹或破损，则必须重新进行浇注。

焊补轴承合金时，所用的轴承合金必须同轴承衬上轴承合金的牌号完全相同。

知识点三　风机的故障分析

由于离心式风机与离心式泵的工作原理和结构有很多相似之处，所以它们的故障现象和检修方法也很相似。因此，这里不再具体讲述其故障现象、分析和检修方法。离心式通风机、轴流式通风机、离心式风机的性能故障、机械故障、机械振动的产生原因及其消除方法见表3-13～表3-15。

表3-13　性能故障产生原因及其消除方法

序号	故障名称	产生故障的原因	消除方法
1	压力过高，排出流量减小	1)气体成分改变，气体温度过低，或气体所含固体杂质增加，使气体的密度增大 2)出气管道和阀门被尘土、烟灰和杂物堵塞 3)进气管道、阀门或网罩被尘土、烟灰和杂物堵塞 4)出气管道破裂，或其管法兰密封不严 5)密封圈磨损过大，叶轮的叶片磨损	1)测定气体密度，消除使密度增大的原因 2)开大出气阀门，或进行清扫 3)开大进气阀门，或进行清扫 4)焊接裂口，或更换管法兰垫片 5)更换密封圈、叶片或叶轮
2	压力过低，排出流量过大	1)气体成分改变，气体温度过高，或气体所含固体杂质减少，使气体的密度减小 2)进气管道破裂，或其管法兰密封不严	1)测定气体密度，消除使密度减小的原因 2)焊接裂纹，或更换管法兰垫片
3	通风调节系统失灵	1)压力表失灵，阀门失灵或卡住，以致不能根据需要对流量和压力进行调节 2)由于需要流量减少，管道堵塞，流量急剧减小或停止，使风机在不稳定区（飞动区）工作，产生逆流反击风机转子的现象	1)修理或更换压力表，修复阀门 2)如是需要流量减小，应打开旁路阀门，或降低转速；如管道堵塞，则应进行清扫
4	风机压力降低	1)管道阻力曲线改变，阻力增大，通风机工作点改变 2)通风机制造不良，或通风机严重磨损 3)通风机转速降低 4)通风机在不稳定区工作	1)调整管道阻力曲线，减小阻力，改变通风机工作点 2)检修通风机 3)提高通风机转速 4)调整通风机工作区
5	噪声大	1)无隔声设施 2)管道、调节阀安装松动	1)加设隔声设施 2)紧固安装

表3-14　机械故障产生原因及其消除方法

序号	故障名称	产生故障的原因	消除方法
1	叶轮损坏或变形	1)叶片表面产生故障的原因或钉头腐蚀或磨损 2)铆钉和叶片松动 3)叶轮变形后歪斜过大，使叶轮径向圆跳动或轴向圆跳动过大	1)如是个别损坏，应更换个别零件；如损坏过大，则应更换叶轮 2)用小錾子紧固，如仍无效，则需要更换螺钉 3)卸下叶轮后，用铁锤校正，或将叶轮平放，压轮盘某侧边缘

（续）

序号	故障名称	产生故障的原因	消除方法
2	机壳过热	在阀门关闭的情况下，风机运转时间过长	停车，待冷却后再开车
3	密封圈磨损或损坏	1)密封圈与轴套不同轴，在正常运转中被磨损 2)机壳变形，使密封圈一侧磨损 3)转子振动过大，其径向振幅之半大于密封径向间隙 4)密封齿内进入硬质杂物，如金属、焊渣 5)推力轴衬熔化，使密封圈与密封齿接触而磨损	先清除外部影响因素，然后更换密封圈，并重新调整和找正密封圈的位置
4	带滑下或带跳动	1)两带轮位置没有找正，彼此不在同一条中心线上 2)两带轮距离较近或带过长	1)重新找正带轮 2)调整带的松紧度，或者调整两带轮的间距，或者更换合适的带

表 3-15　机械振动产生原因及其消除方法

序号	故障名称	故障现象	产生故障的原因	消除方法
1	转子静不平衡或动不平衡	风机和电动机产生一致的振动，振动频率与转速相符合	1)轴与密封圈发生强烈的摩擦，产生局部高热，使轴弯曲 2)叶片质量不对称，或一侧部分叶片被腐蚀或磨损严重 3)叶片附有不均匀的附着物，如铁锈等 4)平衡块质量与位置不对，或位置移动，或检修后未找平衡 5)风机在不平衡区工作，或负荷急剧变化 6)双吸风机的两侧进气量不等	1)更换新轴，并须同时更换密封圈 2)更换坏的叶片，或更换新的叶轮，并找平衡 3)清扫和擦干净叶片上的附着物 4)重找平衡，并将平衡块固定牢固 5)开大闸阀或旁路阀门，进行工况的调节 6)清扫进气管道灰尘，并调整挡板使两侧进气口负压相等
2	轴安装不良	振动为不定性的，空转时轻，满负荷时大	1)联轴器安装不正，风机轴和电动机轴中心未对正，基础下降 2)带轮安装不正，两带轮轴不平行 3)减速机轴与风机轴和电动机轴在找正时，未考虑运转时位移的补偿量，或虽考虑但不符合要求	1)进行调整，重新找正 2)进行调整，重新找正 3)进行调整，留出适当的位移补偿余量
3	转子固定部分松驰，或活动部分间隙过大	发生局部振动现象，主要在轴承箱等活动部分，机体振动不明显，与转速无关，偶有尖锐的破击声或杂音	1)轴承衬或轴颈被磨损造成间隙过大，轴衬与轴承箱之间的紧力过小或有间隙而松动 2)转子的叶轮、联轴器或带轮与轴松动 3)联轴器的螺栓松动，滚动轴承的固定圆螺母松动	1)焊补轴承合金，调整垫片，或刮研轴承箱中分面 2)修理轴和叶轮，重新配键 3)拧紧螺母

（续）

序号	故障名称	故障现象	产生故障的原因	消除方法
4	基础或机座的刚度不够或不牢固	产生邻近机房的共振现象，电动机和风机整体振动，而且在各种负荷情形时都一样	1）机房基础的灌浆不良，地脚螺母松动 2）基础或基座的刚度不够，促使转子的不平衡度引起强烈的共振 3）管道未留膨胀余地，与风机连接处的管道没加支持或安装和固定不良	1）查明原因后，施以适当的修补和加固，拧紧螺母，填充间隙 2）加强基础或基座刚度 3）进行调整和修理，加装支承装置
5	风机内部有摩擦现象	发生振动不规则，且集中在某一部分。噪声和转速相符合，在起动和停车时，可以听见风机内的金属刮碰声	1）叶轮歪斜与机壳内壁相碰，或机壳刚度不够，左右晃动 2）叶轮歪斜与进气口圈相碰 3）推力轴承歪斜、不平或磨损 4）密封圈与密封齿相碰	1）修理叶轮和推力轴承 2）修理叶轮和进气口圈 3）修补推力轴承 4）更换密封圈，调整密封圈与密封齿的间隙

任务实施

1）为系统选配合适的风机，选型步骤如下：

① 根据配置好的管路计算管路阻力。

② 计算风机的全压，以及流量等关键参数。

③ 根据参数选择合适的风机。

④ 根据所选风机的性能曲线，校核所选设备在不同工况下是否合用。如果不合用，需要重新选定；如果选择范围有限，没有单台合适机型，则需要采用并联或串联形式。

2）按照标准和规范进行风机的安装。

3）运行风机，并针对实际系统运行中的故障问题进行分析和排除。

检测评分

将任务完成情况的检测评分填入表3-16中。

表3-16 风机的选配和安装检测评分表

序号	检测项目	检测内容及要求	配分	学生自检	学生互检	教师检测	得分
1	职业素养	文明礼仪	5				
2		安全纪律	10				
3		行为习惯	5				
4		工作态度	5				
5		团队合作	5				
6	风机的选配	阻力	5				
7		流量	5				
8		扬程	10				
9		风机选型	10				
10	风机的安装和运行	风机安装	20				
11		风机运行调试	20				
综合评价			100				

任务反馈

在任务完成过程中，是否存在表 3-17 中所列的问题，了解其产生原因并提出修正措施。

表 3-17　风机选配和安装中出现的误差项目、产生原因及修正措施

存在问题	产生原因	修正措施
风机选配不当，导致管路流动数据不符合要求	管路流动参数计算有误	
	风机选型或安装有误	
风机运行不正常或故障	风机安装有误	
	风机故障	

作业习题

在微知库课程学习平台 PC 端完成相关作业习题，或者用微知库 App 扫描右侧二维码完成相关作业。

作业习题

项目小结

本项目主要完成了中央空调风管系统的设计、施工安装与运行调试，有理论内容，也有操作实践。在学习过程中可以发现，本项目中涉及的流体力学知识，以及项目实施的流程和方法与前两个项目有相似之处，它们的区别在于风管系统的研究对象变成了风管和风机。所以，学习者要善于从中得出关于流体管路设计的常规方法和思路。

素养提升

大国工匠——张冬伟

LNG 船被称为“海上超级冷冻车”，运载存储在-163℃低温下的液化天然气，漂洋过海。LNG 船上的殷瓦手工焊接是世界上难度最高的焊接任务。殷瓦钢薄如纸张，极易生锈，在焊接过程中，焊件不能接触一滴汗珠、一个手印，如果焊缝上出现哪怕一个针眼大小的漏点，就有可能造成整船的天然气爆炸。3.5 米，走路可能只需要 4 秒钟，而张冬伟焊完一条这样长度的焊缝却需要整整五个小时。张冬伟说：“我烧出来的焊缝基本上能够辨认出来，都是一次成型的，像鱼鳞一样比较均匀，我个人追求就是像绣花一样，一针一针一针很均匀的。”

张冬伟的师父秦毅，是我国第一位掌握殷瓦焊接技术的焊工。最初外国人并不看好中国人能掌握这项技术。能够在 LNG 船上进行全位置殷瓦手工焊接的焊工，必须经过国际认证机构 GTT 的严格考核，考核合格才能上岗工作。结果，张冬伟经过刻苦不懈的努力，成为同届学生里第一个考取合格证书的人，令外国考官都为他竖起了大拇指。每次看到自己焊接的 LNG 船缓缓驶向大海时，所有的辛苦和汗水都变成了值得的付出和内心的自豪。

项目四

家用新风系统的设计与优化

项目三介绍了如何设计风管系统，本项目是利用风管系统设计相关知识和技能来解决家用新风系统的设计和施工。家用新风系统对项目三对应的商用中央空调风管系统在舒适性方面有更高的要求，即对风压和噪声的控制要求。本项目将重点解决工程中的风压和噪声控制问题。

项目要求设计一个能满足家庭使用的如图 4-1 所示的新风系统。图示建筑为 3 层结构，用微知库 App 扫描右侧二维码可获得建筑平面结构图。

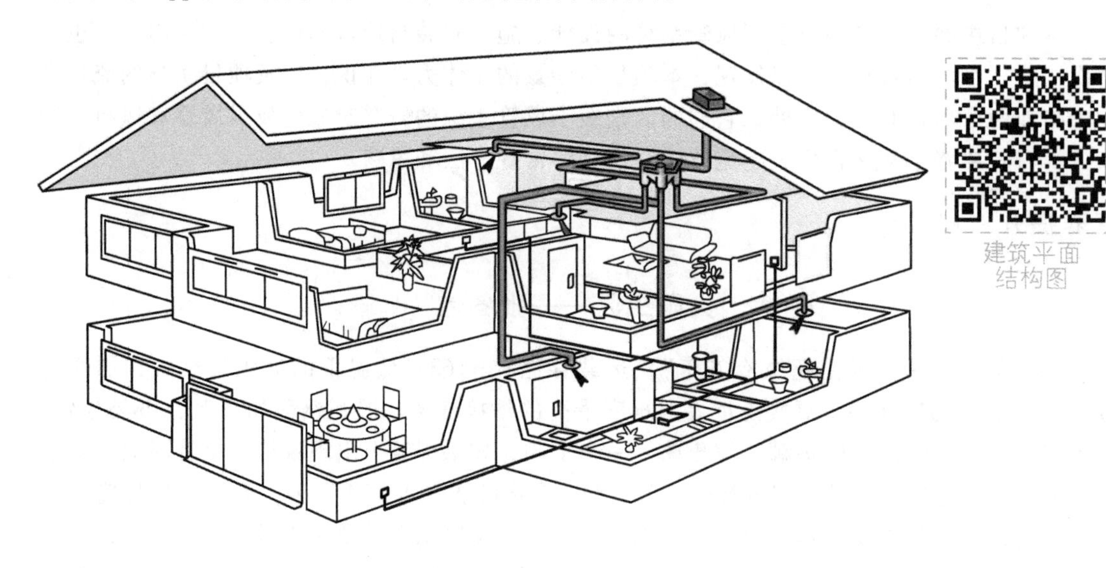

图 4-1　新风系统

学习目标

1. 了解新风系统的设计思路、方法和规范。
2. 了解和掌握风机的优化设计方法。
3. 了解和掌握风管系统噪声控制方法。
4. 通过实验和实践建立起对于标准、规范和制度重要性的认识。

任务　新风系统的设计和优化

任务描述

本任务要求完成对图4-1所示新风系统的设计，并选配合适的风机和风管材料，完成风管系统的安装和运行调试。风管和风机的选配与前一项目的内容相似。本任务的重心在于对风管系统运行中的相关参数，包括风压、噪声，进行测试和控制。

知识目标

1. 掌握新风系统的设计和布置方法。
2. 了解和掌握新风系统的相关标准和规范。
3. 了解和掌握新风系统运行参数，包括风压、风量和噪声的测试设备和方法。

技能目标

1. 掌握新风系统的施工方法。
2. 掌握使用工具对新风系统进行压力、流量和噪声测试的方法。

素养目标

通过复杂项目的完成，培养学生总结分析以及通过试验测试验证的科学精神。

知识准备

从任务描述来看，本任务和项目三并没有太大的区别，都是对风管系统进行设计和对管路设备材料进行选配。但由于项目三针对的是商用大型中央空调，而本项目针对的是家用送风系统，因此，最大的区别在于对系统噪声的抑制和对风压的控制。这也是目前在家用系统中普遍存在且最难解决的问题。

要抑制风管系统的噪声，并不意味着要牺牲风管中空气的压力和流量要求，而是需要对风机和风管做更多的降噪处理，包括各种降噪措施的采用以及噪声测试。因此，要完成本任务，首先要学习噪声和降噪相关知识，同时要了解风机或风管系统在优化改进中需要用到的测试技术。

风管系统性能和噪声的根源都在于风机，所以，性能测试的重心也在风机。

知识点一　国家标准规定的噪声标准

GB 3096—2008《声环境质量标准》［dB（A）］中规定：

0类标准：昼间≤50db，夜间≤40db。适用于疗养区、高级别墅区、高级宾馆区等特别需要安静的区域，位于城郊和乡村的这类区域按严于0类标准5dB执行。

1类标准：昼间≤55db，夜间≤45db。适用于以居住、文教机关为主的区域，乡村居住环境可参照执行该类标准。

2 类标准：昼间≤60db，夜间≤50db。适用于居住、商业、工业混杂区。

3 类标准：昼间≤65db，夜间≤55db。适用于工业区。

4 类标准：昼间≤70db，夜间≤55db。适用于城市中道路交通干线道路两侧区域，穿越城区的内河航道两侧区域。穿越城区的铁路主、次干线两侧区域的背景噪声（指不通过列车时的噪声水平）限值也执行该类标准。

国家噪声标准

利用微知库 App 扫描右侧二维码，可学习更为详细的国家噪声相关标准。

知识点二　噪声测量技术

用微知库 App 扫描右侧二维码，可学习详尽的噪声测试条件和设备知识，此处将对相关内容进行简介。

噪声测试条件和设备

一、噪声测量系统简介

根据家用电器噪声测量的要求及特点，基本测量系统如图 4-2 所示，其构成如下。

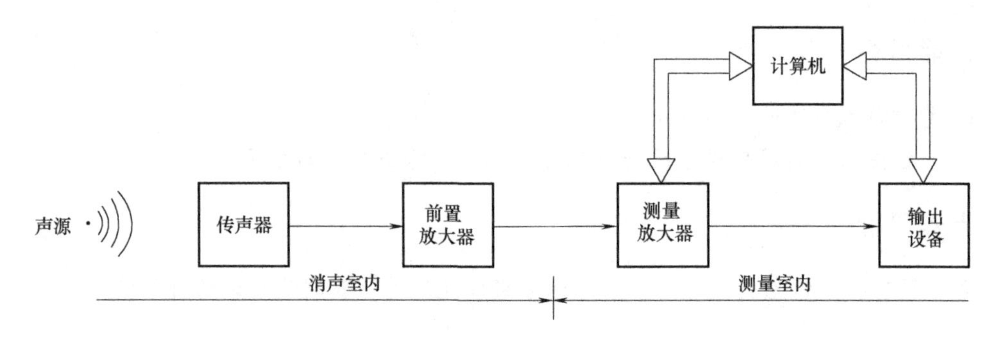

图 4-2　噪声测量系统框图

（1）传声器　接收声源发出的声信号，一般采用电容传声器。

（2）前置放大器　它与电容传声器组合成输入组件，将电容传声器信号放大，通过连接电缆送至测量放大器。

（3）测量放大器　对输入信号进行运算、分析并显示。根据测量要求，可选精密声级计、实时频率分析仪或测量放大器。如要进行频谱分析，可能要配置 1/3 倍频程或倍频程带通滤波器与其组合使用，以测量不同频率下的频带声压级。

（4）输出设备　根据输出文件要求，配接图示仪、打印机等设备。

（5）计算机　需要时，通过接口将计算机与测量放大器及输出设备连接起来，组成计算机控制的测量系统，便于数据处理。

为避免人员扰动干扰，一般将声源、传声器组件置于消声室内，将测量放大器及输出设备等放置在测量室中。二者通过与仪器配置的延长电缆连接。

噪声测量系统的配置考虑以下几个因素：

1）噪声测量仪器为精密仪器，其价格昂贵，只能根据测量要求和需要选择适用范围和等级的仪器。

2）如果只要求测量单点量值，则没有必要配置多通道的仪器。

3）如果要进行噪声分析和质量改进，则有必要配置能进行频谱分析的仪器，或另选滤波器与测量放大器连用测量。

4）由于背景噪声影响测量结果，最好能配置专用的消声室。

二、消声室

1. 消声室的功能

消声室的基本功能是为家用电器噪声测量提供一个模拟自由声场的测试环境，它通过特殊的结构将外界环境的噪声和振动隔绝到最低限度，并把室内壁对室内声波的反射作用减至最小，为被测产品提供最佳的测试声学性能，保证测量结果的准确性和重现性。

2. 消声室的结构

家用电器噪声测量一般采用夹套结构悬置式消声室，其典型结构示意图如图 4-3 所示。用微知库 App 扫描右侧二维码，可看到消声室结构组成的动画演示。

消声室的墙体分内、外两层，内墙结构整体悬置于若干个箱体避振弹簧 4 上，将外界由地面传递的振动隔绝。内、外墙之间留有足够的空间，以利用声波遇到多层介质的反射及墙间空气介质的共振吸收现象来提高隔声性能。供放置试验样品的试验平台 5 也与内墙地面分离，单独悬置在试验台避振弹簧 6 上。

消声室结构动画

消声室的内墙上安装了吸声系数达 99%以上的玻璃棉制成的尖劈，如图 4-4 所示。尖劈总的吸声处理深度（尖劈体深度加空气层）应大于最低频带中心频率声波波长的 1/4。此外，消声室的门、管道等也采取密封、隔声措施，从而保证消声室的声学性能达到测试标准的要求。

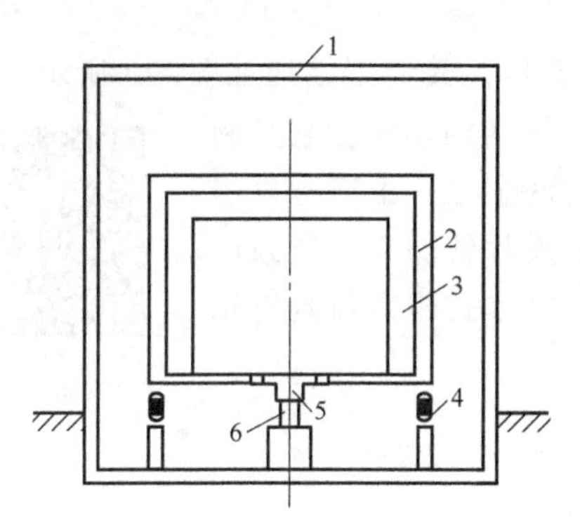

图 4-3　消声室示意图

1—外墙　2—内墙　3—尖劈　4—箱体避振弹簧　5—试验平台　6—试验平台避振弹簧

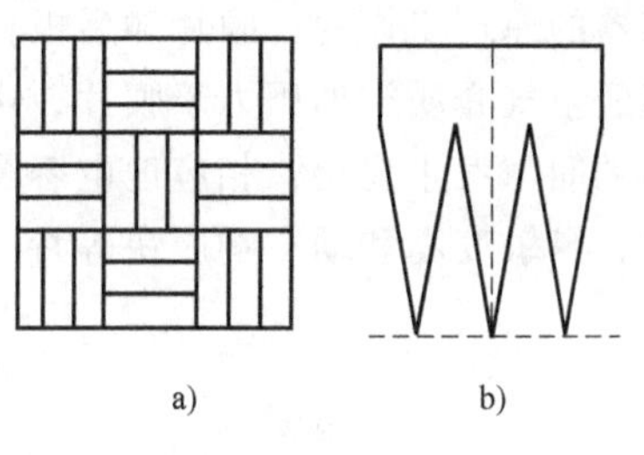

图 4-4　尖劈示意图

a）正面图　b）侧面图

全消声室室内的六个表面都安装吸声材料，吸收所有入射声能，为整个测量面提供自由声场。半消声室是指消声室内有一个硬反射面，其他表面安装吸声材料，用来吸收所有入射声能，提供一个反射面的自由声场条件。家用电器测量一般采用半消声室。

3. 消声室的主要参数

（1）背景噪声　根据标准要求，在传声器位置上，背景噪声的声压级与感兴趣频率范围内每一频带上被测产品声压级的差值最好大于 12dB 以上。感兴趣频率范围包括中心频率为 125～8000Hz 的倍频程和中心频率为 100～10000Hz 的 1/3 倍频程。如果该差值小于 6dB，则测量结果无效。当背景噪声声压级与被测产品声压级之差为6~12dB时，要对检验结果进行修正，修正系数见表4-1。对家用电器及其部件的测量而言，消声室的背景噪声最好控制在20dB以下。

表4-1 修正系数表

产品运行时测得的声压级与背景噪声声压级之差/dB	6	7	8	9	10	11	12
修正系数/dB	1.3	1.0	0.8	0.6	0.4	0.3	0.3

（2）消声室的体积 消声室的体积要足够大，以保证传声器的测量点与被试样品之间有足够的距离。同时，传声器测量点与消声室吸声表面的距离应至少大于最低频带中心频率波长的1/4。一般要求消声室体积比被试产品体积大200倍。

（3）消声室的形状 消声室的长度、宽度、高度要适合被试产品的尺寸形状。个别产品有特殊要求，如空调器要求为两间室的半消声室，一间为室内侧，另一间为室外侧，两室之间是安装空调器的模拟墙体。

（4）消声室的温湿度 温湿度影响仪器工作的准确度，要按仪器的工作环境要求配置。此外，个别产品对温湿度有特殊要求，如空调器，测试时，室内、外侧的温湿度要达到额定工况条件。提供温度条件的设备要采取消声措施处理。

（5）消声室的截止频率 家用电器检验用的消声室截止频率应低于100Hz。

三、电容式传声器

1. 结构与工作原理

电容式传声器是噪声测量系统中的声-电转换传感器，其典型结构如图4-5所示。用微知库App扫描右侧二维码，可看到电容式传声器的三维结构动画。它是利用电容器的原理工作的：膜片和后极板形成电容器的两个极，由声源发出的声能经空气介质施加压力于膜片，声能的变化引起膜片的振动，导致两极板间的间隙发生变化，相应地电容量也发生变化。电容式传声器具有结构简单、灵敏度高和动态响应快等特点。

电容式传声器

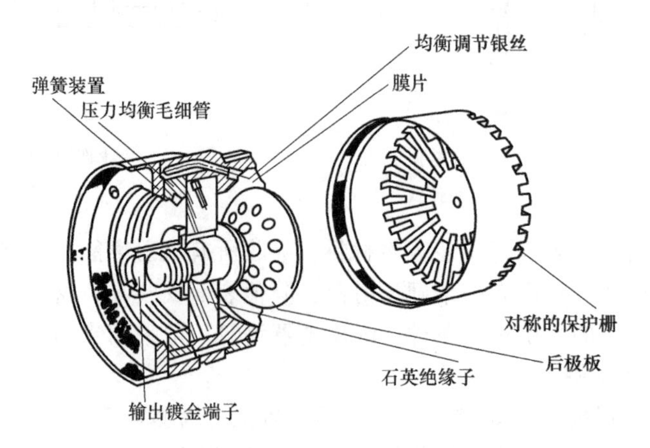

图4-5 电容式传声器

2. 选择要点

1）频率响应：所选用的传声器在相应频率范围内应具有平直的频率响应。

2）传声器类型：电容式传声器有自由场和压力传声器两种，噪声测量选用自由场传声器。

3）直径：家用电器测量推荐用直径为 13mm（1/2in）的传声器。

4）配件：根据测量需要选用合适的防风罩，减少风速的影响；选用合适长度的专用连接电缆（一般有 3m 和 10m 两种规格），将传声器组件与声级计连接；对非预极化的传声器，还要选用合适的极化电源。

5）常用规格：适用于家用电器检测用的典型规格见表 4-2。

表 4-2 典型规格电容式传声器

型号	直径/mm(in)	频率范围/Hz	动态范围/dB	极化电压/V
4190	13(1/2)	3150～20000	15～148	200

注：动态范围与所配的前置放大器有关。

四、声校准器

声校准器供噪声测量系统非周期检定的自校准用。活塞发生器是最常用的声校准器，它具有结构简单、稳定性好等特点。活塞发生器的结构如图 4-6 所示。它靠一对反向振动的活塞发出定频定压的声波。将电容式传声器接入活塞发生器的耦合器时，就可校准声级计读数。第二种是标准传声器校准器，其内带一个标准传声器发生 1000Hz 的声源，它的结构如图 4-7 所示。常用校准器的规格参数见表 4-3。

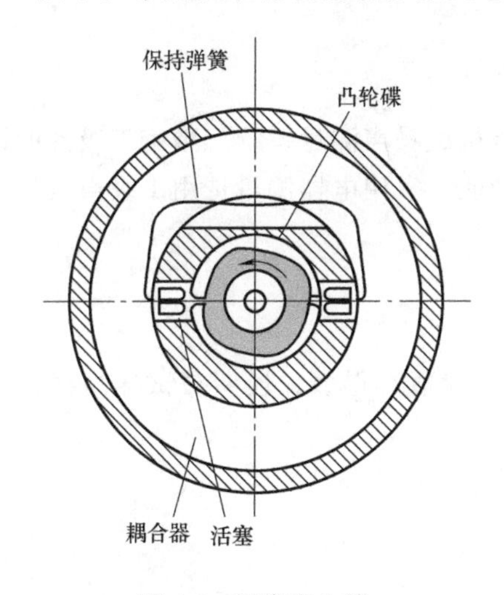

图 4-6 活塞发生器

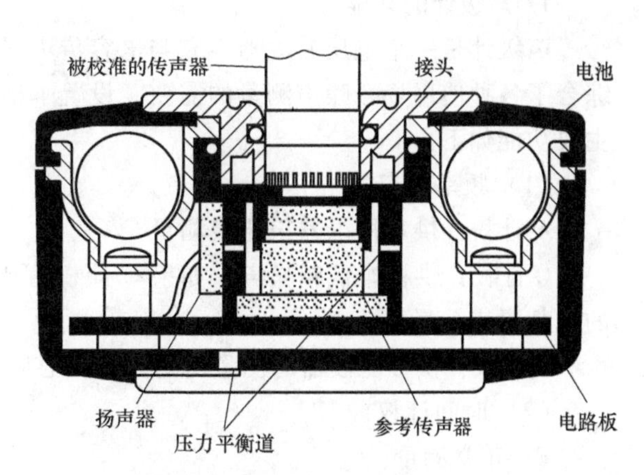

图 4-7 声校准器

表 4-3 常用校准器的规格参数

型号与类型	声压级/dB	准确度/dB	频率/Hz
4220 活塞发生器	134±0.2	±0.15	250
4231 声校准器	94±0.2	±0.1	1000

声校准器不供噪声测量系统周期检定用途。测量系统周期检定需要校准整个工作频率范围内每个频率所对应的声压级，一般一年（或二年）进行一次。

五、前置放大器

前置放大器与电容传声器连接成组件，将传声器的信号放大后送入测量放大器，其特性要求如下。

（1）输入阻抗　为提供足够宽的动态范围，它应具有高的输入阻抗和低的噪声。典型产品配用不同传声器时的低频特性如图4-8所示。

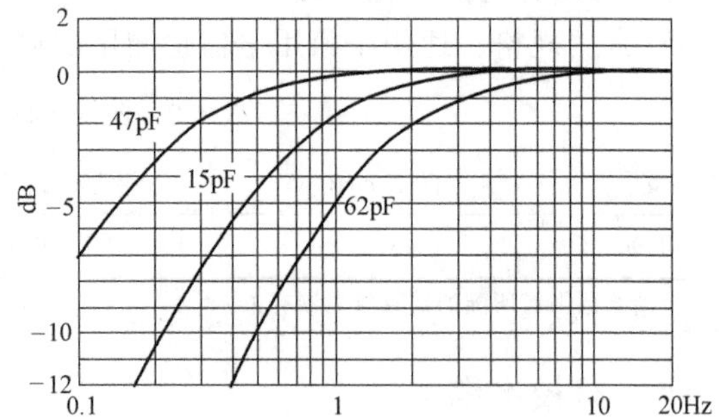

图 4-8　低频响应曲线

（2）输出阻抗　为降低与测量放大器之间连接电缆的影响，放大器要具有低的输出阻抗和大的输出电流。

（3）典型参数示例

频率响应：在 3～200kHz 范围内，允许误差为±0.5dB。

输入阻扰：1.5GΩ/0.45pF。

输出阻扰：25Ω（max）。

最大输出电压：电源电压-10V。

所选择的前置放大器要与电容传声器的特性、结构尺寸相匹配。选用连接电缆时，既要符合放大器的要求，其长度还要符合测量需要。

六、声级计

1. 声级计的功能

声级计是一个电压放大器，它与电容传声器连接构成噪声测量系统。精密声级计的设计综合了各种使用场合噪声测量的需要，设置了很多功能。家用电器测量选用 1 级声级计，其主要功能如下。

（1）频率计权网络

A 计权：供家用电器声压级测量。

C 计权：供检查低频噪声。如果 C 计权值比 A 计权值高得多，说明被试样品存在大量的低频噪声分量。

L 计权：供带滤波器时测量所选定的中心频率噪声分量。

（2）时间计权

F：正常测量。

S：测量非稳态噪声的平均值。

I：测量脉冲噪声，当实际测量读数波动量大于 3 dB 时用。

（3）测量范围　与所测产品噪声范围相对应，一般取 10～140dB。

（4）配件

1）选用合适频率的滤波器，以便进行频谱分析。

2）选用合适的记录设备进行数据的自动记录或处理，如打印机或绘图仪。

3）选用合适的接口，以便与计算机连接通信。

2. 声级计的使用

（1）一般测量　将电容传声器组件接入（直接或通过连接电缆连接）声级计，而后按声级计使用说明书进行操作。

（2）频谱分析　为分析噪声产生原因及研究其抑制措施，往往希望得到噪声不同频率下的分量。这时将声级计与滤波器连接，分别测取每一中心频率所对应的声压级，再通过记录设备绘制曲线或打印结果。具体操作按照仪器的使用说明书进行。

（3）校准　在每批测量进行之前和之后，应用声校准器校准声压级并做记录，如果校准结果与原设定值不符，要停止测试并查找原因。如果试验前后的校准值不对应，则该批检验数据要待原因找到之后才能使用。

七、噪声试验

1. 常用术语及定义

（1）声频范围和频程　人耳所能感觉的声波频率范围为20~20000Hz。为便于分析，将可闻声频率范围分成若干个频段，即频程。如分成十段，则称为倍频程，其中心频率为31.5Hz、63Hz、125Hz、250Hz、500Hz、1000Hz、2000Hz、4000Hz、8000Hz和16000Hz。如将每个频程再细化分成三段，则称为1/3倍频程，其中心频率为16Hz、20Hz、25Hz、31.5Hz、40Hz、50Hz、…、16000Hz、20000Hz。

（2）声压和声压级　声波在空气中传播引起大气压强变化的变化量称为声压。声压越大，声音越强；声压越小，则声音越弱。正常人耳感到疼痛的声压（痛阈声压）为20Pa。为计算方便，通常用声压相对值的对数表示声音的大小，称为声压级，即

$$L_{\mathrm{p}} = 10\lg\frac{p^2}{p_0^2} = 20\lg\frac{p}{p_0} \tag{4-1}$$

式中　L_{p}——声压级，dB；

p——声压，Pa；

p_0——基准声压，2×10^{-5}Pa。

显然，用声压级表示时，声压变化10倍，相当于声压变化20dB；而声压级变化120dB时，相当于声压变化10^6倍。

现用仪器测量的噪声物理量就是声压级。

（3）声功率和声功率级　声源在单位时间内辐射的总声能称为声功率。与声压类似，它通常用声功率相对值的对数来表达，称为声功率级，即

$$L_{\mathrm{W}} = 10\lg\frac{W}{W_0} \tag{4-2}$$

式中　L_{W}——声功率级，dB；

W——声功率，W；

W_0——基准声功率，10^{-2}W。

由于声功率级与声源距离无关，故用它来评价同类产品比较方便。声功率级由声压计算获得。

（4）计权网络　噪声测量仪器模拟人耳接收声源发出的不同频率的声音，但人耳对频

率为10000Hz以下的声音有较大的衰减量。为使仪器的读数接近人耳对不同频率的响应特性（图4-9），家用电器规定测量时用A计权网络。

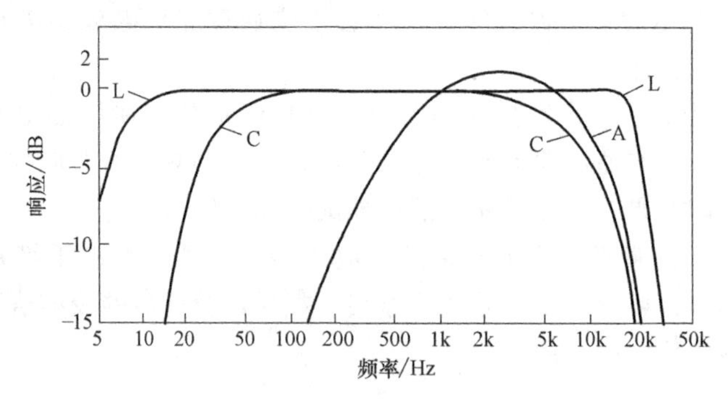

图4-9　计权网络频率响应

2. 测量面与测量点

家用电器噪声检验用测量基准体有三类：

1）矩形六面体，如图4-10所示。

2）半球面体，如图4-11所示。

3）球面体，如图4-12所示。

用微知库App扫描右侧二维码，可以看到三类测点的布置方式。

三类噪声测点的布置方式

三类基准体对应的测量和测量点见表4-4，对有对称性辐射噪声的电器可以适当减少测点数。

表4-4　测量和测量点

基准体	测点数	测量面	测量距离/m	测量表面积/m²
矩形六面体	9	图4-10	$d=1$	$4(ab+ac+bc)$
半球面体	10	图4-11	$r=1$ 或 1.5	$2\pi r^2$
球 面体	8	图4-12	$r=1$	$4\pi r^2$

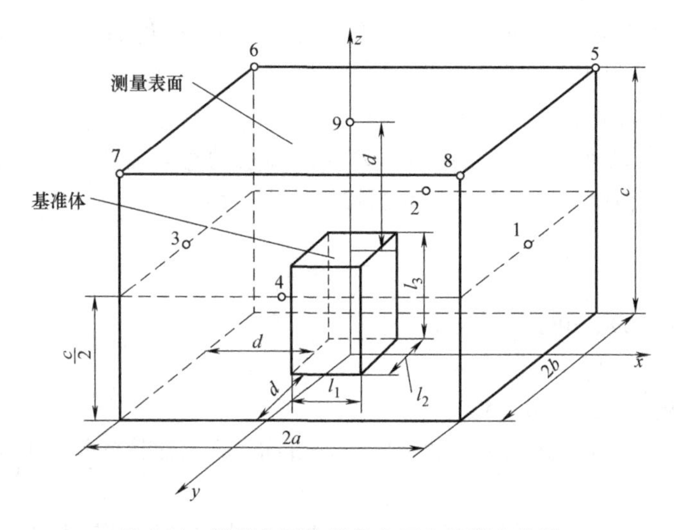

图4-10　矩形六面体测量表面上的测点位置

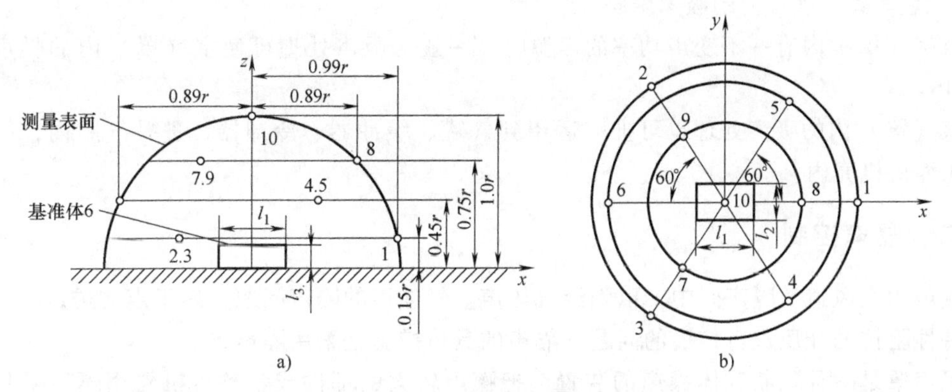

图 4-11　半球面体测量表面上的测点位置

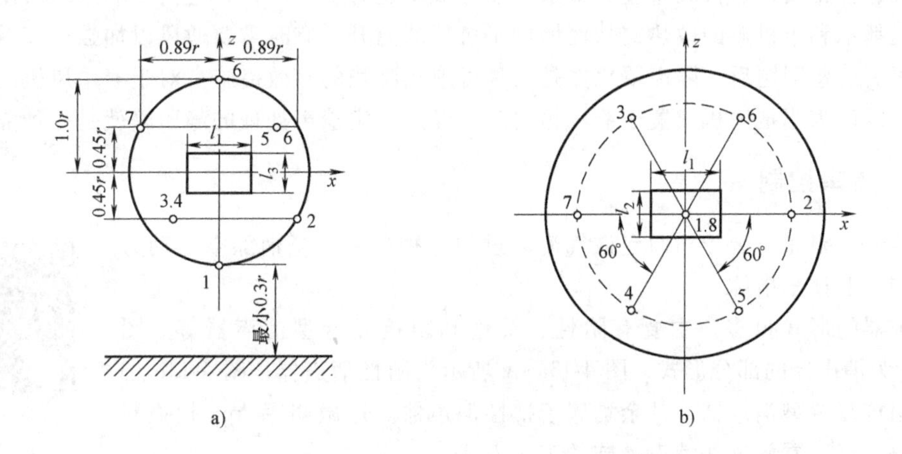

图 4-12　球面体测量表面上的测点位置

知识点三　噪声控制技术

噪声控制方法很多，主要包括吸声、隔声、消声。

一、吸声控制

当室内有声源辐射噪声时，室内的受声点除了听到由噪声源传来的直达声外，还可听到由平整坚硬的室内四周壁面多次来回反射形成的反射声（混响声）。如果在室内四周壁面或空间悬挂、敷设一些多孔吸声材料或吸声结构，则可以降低反射声，从而可以降低室内总的噪声强度，这称为吸声处理。这种吸声技术除了用在车间、办公室等的室内外，也可运用在风机静压箱的隔声罩、风管及消声器中。

1. 多孔吸声材料

常用的多孔吸声材料有玻璃纤维、矿棉板、木丝板、甘蔗板、泡沫塑料、多孔陶瓷和膨胀珍珠岩等。多孔材料中的微孔必须通到表面形成开孔，当声波透入后，引起空气分子振动，在微孔内与孔壁形成摩擦。利用空气中的黏滞损失，使声能变为热能而消失来吸声。

2. 隔声室（罩）内的吸声降噪

当室（罩）内有一不变声功率的声源时，一般的吸声处理可使室（罩）内的噪声下降3~10dB。

室（罩）内的吸声处理也可推广运用到气罐、缓冲器、冷却器、进排气腔内，以及全封闭压缩机机壳内。

二、隔声控制

隔声用在风道及隔声间中，以隔绝气体声。气体声的隔声问题，属于声波透过一层具有不同特性阻抗的介质进行传播的问题。隔声的具体措施是采用隔声罩。

隔声罩是一种隔断气体噪声的装置。把噪声较大的部件或者整台机器用隔声罩封闭起来，可以有效地控制噪声的外传，减少噪声对周围的影响。当然，设置隔声罩会给维修、监视压缩机、管路安排、仪表布置等带来不便，成本也有所提高，并且由于隔声罩所用材料和结构一般都不利于机器的散热，从而增加了机器的温升，有时需要通风以加强冷却罩内的空气。在解决这些问题后，隔声罩仍然是一种可取的降噪的有效措施。对于家用风机的隔声罩设计，可以认为当把风机放置于静压箱内时，经过一定消声处理的静压箱就是一种隔声罩。

三、消声控制

消声器是阻止声音传播而允许气流通过的一种器件，是消除空气动力性噪声的重要技术措施。

消声器类型和原理

消声器的形式很多，主要有阻性、抗性和阻抗复合型消声器等。图4-13所示为消声器的部分形式，图4-13a~g所示为阻性消声器；图4-13h、i所示为阻抗复合型消声器，其余均属于抗性消声器。用微知库App扫描右侧二维码，可以看到这些消声措施的工作方式。

1. 阻性消声器

阻性消声器是由阻性元件组成的消声器。所谓阻性元件，是指在声学系统中能产生能量损耗的元件。

按照气流通道几何形状的不同，阻性消声器可分为直管式、片式、蜂窝式、折板式和声流式等多种形式，如图4-13a~e所示。它们是利用贴附在气流管道内表面上的多孔材料与声流（或气流）接触来吸收声能的。

2. 抗性消声器

抗性消声器是由声抗性元件组成的消声器。声抗性元件是对声压变化、声振速变化起反抗作用的元件。它们不消耗声能，但可储蓄与反射声能。

抗性消声器有扩张室式、共振腔式、微穿孔板式和干涉型等多种形式，如图4-13h~k和图4-13n所示。抗式消声器的消声原理是利用腔与管的适当组合，来达到以下两种作用从而消声的：一是利用管道截面突变（即声抗的变化）使沿管道传播的声波向声源方向反射回去，从而使声能反射回原处；二是利用几个界面的反射，使原来第一个向前传播的声波又回到原点，并再次折回向前传播，该点与尚未被反射的第二个向前传播的声波汇合，而且两者在振幅上相等，在相位上差180°的奇数倍，从而互相干涉而抵消。

（1）扩张室消声器

1）单节扩张室消声器（图 4-13h 的单节）。

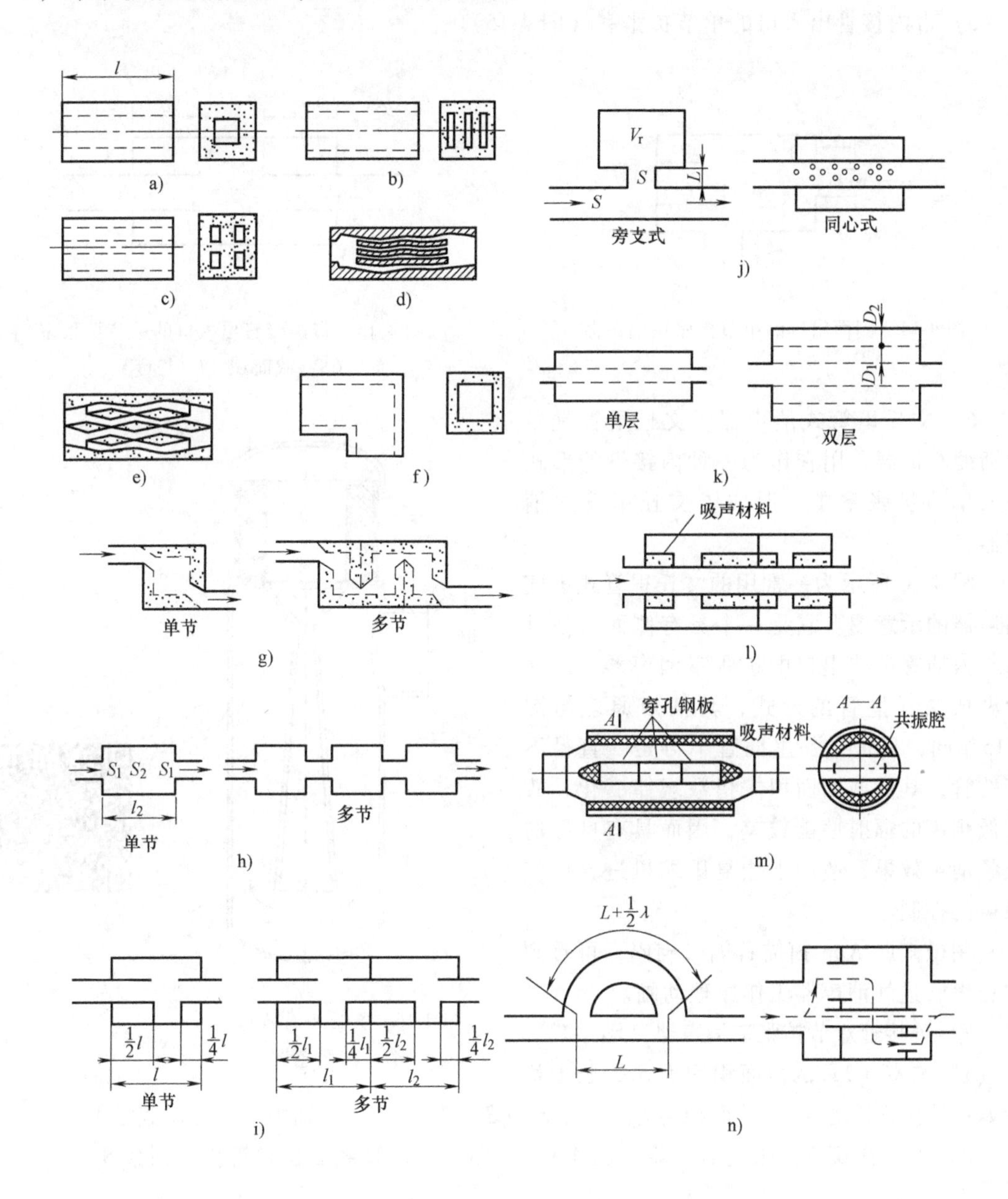

图 4-13 部分消声器的形式

a）管式阻性消声器 b）片式阻性消声器 c）蜂窝状阻性消声器 d）折板式阻性消声器 e）声流式阻性消声器 f）弯管阻性消声器 g）迷宫式阻性消声器 h）扩张室消声器 i）内接管扩张式消声器 j）共振腔消声器 k）微穿孔板式消声器 l）阻性-扩张式复合型消声器 m）阻性-共振腔复合型消声器 n）干涉型消声器

2）进、出口截面不等的单节扩张室消声器。这种消声器即是出口截面不等于进口截面的单节扩张室。

3）缓冲器。当单节扩张室消声器长度较短时，扩张室已成为集总参数的元件——声顺，是一种低通高阻滤波器（缓冲器）。

4）侧面出口的单节扩张室消声器（图 4-14）。

5）带内接管出入口的单节扩张室（图 4-15）。

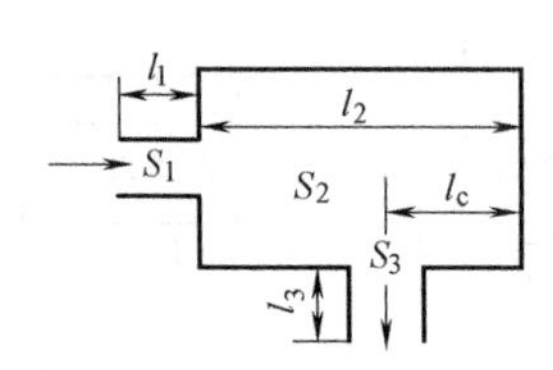

图 4-14　侧面出口的单节扩张室消声器

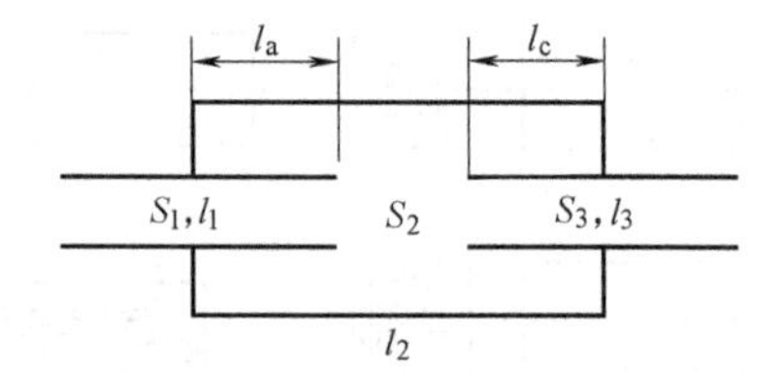

图 4-15　带内接管出入口的单节扩张室（S—截面积　l—长度）

6）文丘里管式消声器。文丘里管是一种渐缩渐扩器，用它作为一种内接管的形式插入单节扩张室中，形成了文丘里管式消声器。

图 4-16 所示为一常用的文丘里管式进气消声器的示意图。它是一个具有侧面声波进口与内插管声波出口的扩张室消声器。内插管做成文丘里管的形式，其消声原理与图 4-15相同，只是文丘里插管不再是一直径不变的管，其横截面面积按指数规律变化，故对低频声的辐射性能较差，因而具有良好的低频消声效果，适用于往复压缩机进、排气噪声的控制。

用微知库 App 扫描右侧二维码，可看到文丘里管进气消声器工作原理动画。

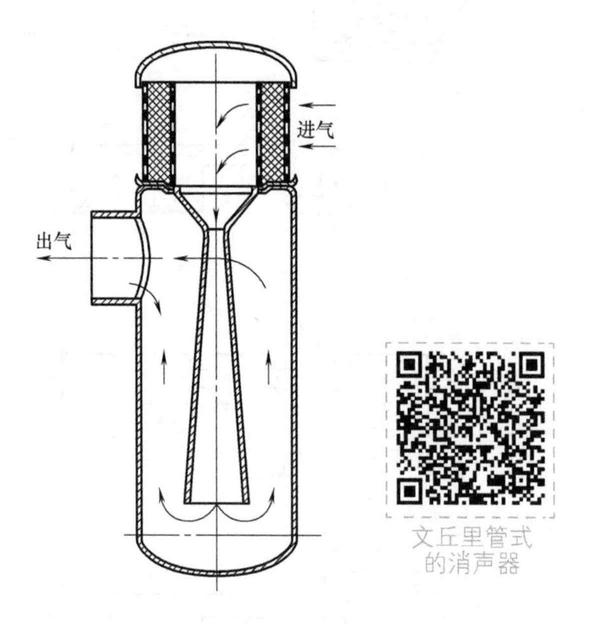

图 4-16　文丘里管式进气消声器示意图

文丘里管式的消声器

7）外接管双节扩张室消声器（图 4-17）。室（1）与室（2）的截面积均为 S_2，长度均为 l_2；外接管长度为 l，截面积为 S_d，S_1、S_3（$S_1=S_d=S_3$），分别为进、出口截面积。

8）内接管双节扩张室消声器（图 4-18）。图中内接管截面积和管长分别为 S_d、l_d。

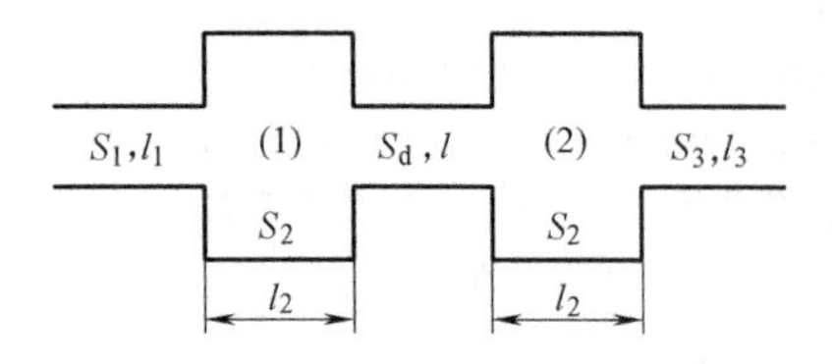

图 4-17　外接管双节扩张室消声器

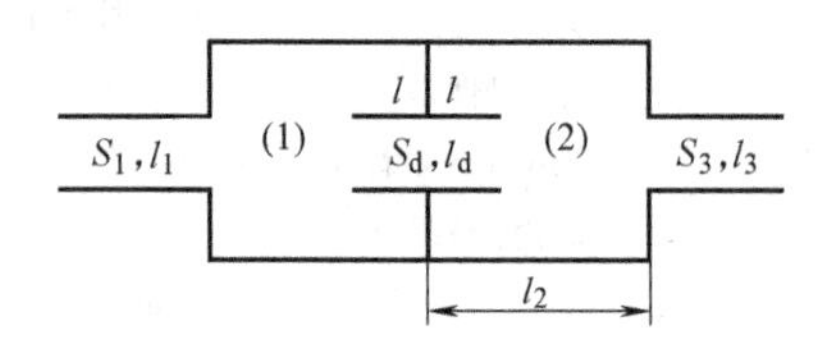

图 4-18　内接管双节扩张室消声器

9）孔型扩张室消声器。图 4-19 所示为一种孔型扩张室，它是将图 4-18 中的内接管退化成一个孔而成的。该孔具有当量长度 $l_2=2\times0.785r$ 的短管作用，其中 r 为内节孔的半径。

（2）共振腔式消声器　与扩张室式消声器相比，共振腔式消声器具有消声频带较窄、在共振频率附近消声量较大的特点。故这种消声器适用于具有单峰值频率，且峰值较突出的高噪声场合，并要求其固有频率与声波的主要峰值频率一致。

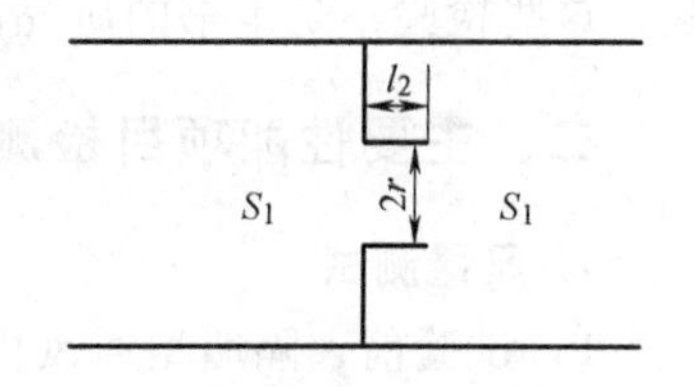

图 4-19　孔型扩张室消声器

（3）微穿孔板式消声器　这是利用微穿孔板吸声结构制成的消声器。微穿孔是指直径<1mm 的孔，通过选择不同的穿孔率，以及穿孔与其后面腔壁之间距离的组合，来满足在较宽频率范围内的消声要求。这种组合起到阻抗复合型消声器的作用，故也可将该种消声器归到阻抗复合型消声器中去。

微穿孔板式消声器在较宽的频率范围内具有良好的消声效果，加上微穿孔板多用金属板制成，能耐高温，耐水、气冲击，不怕被气流冲走，这是其他一般阻性吸声材料所不及的。

（4）干涉型消声器　干涉型消声器结构示意图如图 4-13n 所示。它利用支管长度比主管长度长，并且多出的长度正好是声波波长的 1/2 的奇数倍，这样支管声波与主管声波汇合，达到干涉而抵消来实现消声。近代出现的电子有源消声器，也是利用声波的干涉来消声的，故也属于干涉型消声器。它对于低频噪声的控制和个人防噪、局部防噪尤为合适。图 4-20 所示是在近管道出口处装一个单极有源消声系统的布置示意图。所谓单极是指次级声源（扬声器）只有一个。整个系统的消声原理是这样的，传声器接收从噪声源传来的噪声，经过延时、反相并放大后，由扬声器辐射二次噪声，操作中调节合适的放大倍数和相移（或延时），使二次噪声与原噪声幅值相等且相位相差 180°，从而使二次噪声与原噪声相抵消，使管道下游的噪声得到抑制。

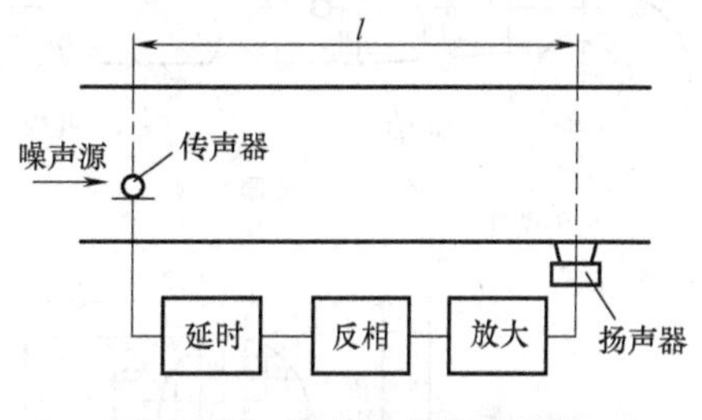

图 4-20　单极有源消声系统

3. 阻抗复合型消声器

将阻性消声部分与抗性消声部分串联起来，就可形成阻抗复合型消声器，如图 4-13l、m 所示。一般阻抗复合型消声器安排其中的抗性在前，阻性在后，即先消低频声，然后消高频声，总消声量是两者之和。

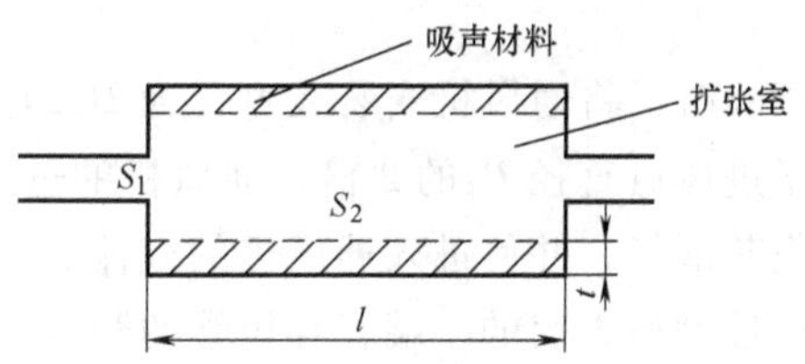

图 4-21　内壁衬以多孔吸声材料的扩张室消声器

图 4-21 所示为另一种阻抗复合型消声器。它是在扩张室的壁上衬以多孔吸声材料的消声器，设进、出气管的截面积均等于 S_1，扩张室的截面积为 S_2。

知识点四　通风机性能测试技术

通风机检测可以采用换气扇等类似产品的检测试验标准。

一、主要安全项目检验

通风机按 GB 4706.27—2008 及 GB/T 14806—2003 两个标准进行检测，其中安全项目的检验包括标志和说明书检验、防触电保护检验、发热检验、泄漏电流检验和非正常工作检验，这些检验不是本书的研究范围，这里不具体讲述。

二、主要性能项目检测

1. 风量测试

1）试验前，隔墙型通风机（通风机周围有挡板）的进风口和出风口应处于自由空间内，并以额定电压、额定频率和最高转速档位运转至转速稳定。通风机进风口端试验在带有试验筒和孔板的装置上进行，如图 4-22 所示。用微知库 App 扫描右侧二维码，可看到隔墙型通风机的结构和原理动画。

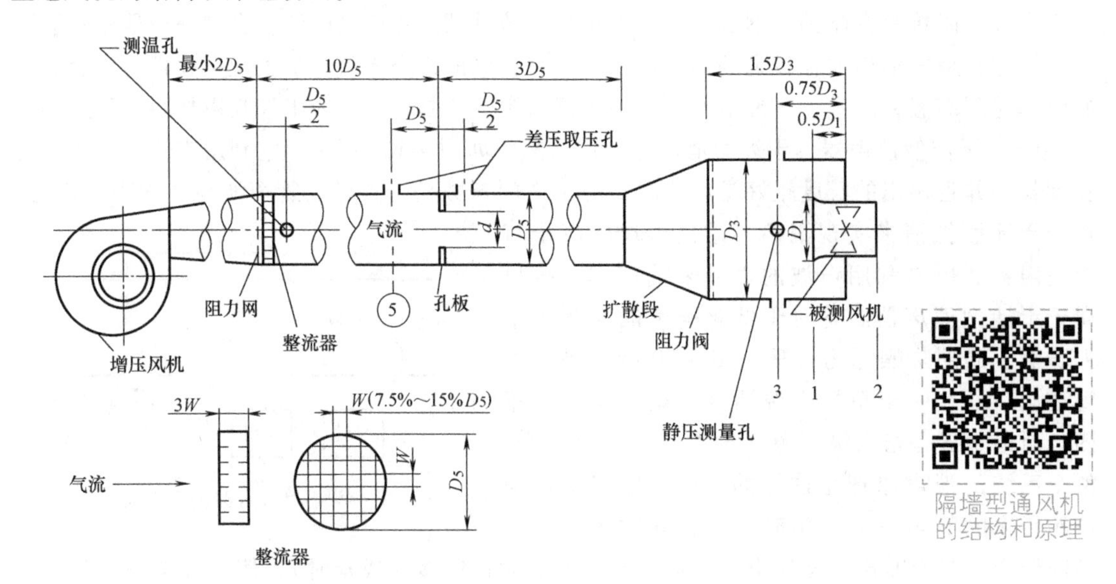

图 4-22　试验筒

试验时，将通风机安装在直径为 D_3 的圆柱形试验筒出口端面的中心位置上，直径 D_3 应不小于进风口直径 D_1 的 2 倍，通风机的进风口距试验筒的出口端面 $0.5D_1$。安装通风机时，应防止其漏气，并使进入通风机的气流尽可能模拟原设计的进风状态。将截面 3 处的 4 个取压孔连接到压力表的一端，导压管的长度、内径和安装方式应一样。在测温孔中插入一根水银温度计，用于读取筒内的温度。在压差取压孔上连接一个微压计，用于读出孔板两侧的压差。调整增压风机的输出，使得圆柱形试验筒内达到平衡，通过连接在 4 个静压测量孔的微压计观察 p_s，当达到平衡时，读取以下数据：

① 孔板上游取压孔的计示静压 p_{s5}。

② 孔板两侧的压差 p_5。

③ 截面 3 处的平均计示静压 p_3。

④ 孔板上游的气流温度 T_s。

⑤ 输入电功率 P。

⑥ 环境温度 T_a。

⑦ 环境气压 p_b。

2）自由进气型风机出风口端试验在减压筒中进行，如图 4-23 所示。用微知库 App 扫描右侧二维码，可看到自由进气型风机出风口端试验动画。

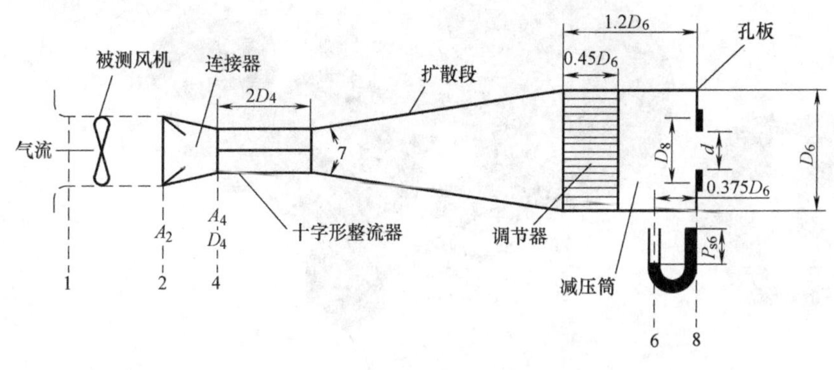

图 4-23　减压筒

被试风机按正常使用状态，安装在试验装置的上游。风机通过连接器向装有十字形整流器的导管排气，气流经过扩张向减压筒排气，减压筒出口端侧壁上设置有静压孔，在孔上用微压计测量风量与压力。应使通风机在额定电压和频率下运行，达稳定状态后测量下列各值：

① 减压筒内的计示静压 p_{s6}。

② 输入功率 P。

③ 环境温度 T_s。

④ 环境气压 p_b。

2. 隔墙型开敞式通风机抗反转起动

在最高档转速位下，把开敞式通风机轴线水平地挂在开敞的试验架上，用一台有足够风力的风扇作为外界反向风源，并调整距离，使风机叶轮平面平均风速为 265m/min。在通风机充分反转的情况下，对其施加电压后，应能保证在 2 min 内抗反转起动并正常运转。

3. 调速比

通风机在额定电压与额定频率下，在最高转速档位运转 1h 后测量最高转速；在最低转速档位时，运转 1h 后测量最低转速。用下式计算调速比

$$\text{调速比}=\frac{\text{最低转速档位的转速}}{\text{最高转速档位的转速}}\times 100\%$$

知识点五　风量（风压）调节技术

对于风管风量（风压）调节，可以采用一些中央空调送风系统的技术，但一种来自法国的自平衡式恒风量调节阀具有非常巧妙的设计和运行效果，如图 4-24 所示。该阀由圆筒形外壳和插入外壳内的硅胶囊装置组成。硅胶囊上有一个小的开口，囊内有簧片，开口对着气流的方向。气流从开口进入，将气囊撑大，气流速度越快，气囊撑得越大。由于硅胶囊位于风口的气流通道上，这样根据气流速度改变硅胶囊的体积，从而改变风口气流通道的截面积，使风口后所接管道气流速度不同或风口进、出两端压差不同，因此均能保持一个较恒定的风量。

图 4-24　自平衡式恒风量调节阀

任务实施

1）对新风系统进行设计和布置，确定合理的管材和尺寸，计算管路阻力，选定合理的新风机，并将结果填入表 4-5。

表 4-5　新风系统设计参数

管段	尺寸 /(mm×mm)	流量 /(m^3/s)	流速 /(m/s)	管径 /mm	沿程阻力系数 λ	沿程阻力 /m	局部阻力系数 ξ	局部阻力 /m	管段总阻力 /m
1									
2									
……									
总阻力									

将所选择的新风机型号、规格和厂家填入表 4-6。

表 4-6　新风机型号、规格和厂家

型号	规格	厂家	数量

2）对新风系统进行施工，施工规范和方法同项目三中央空调风管系统的施工。

3）对新风系统进行现场噪声测试，对系统的风压和流量进行测试，对测试结果与设计数据进行比较。若所有测试结果满足设计需求，则确定为工程合格；若不符合，则通过分析确定优化方案。

检测评分

将任务完成情况的检测评分填入表 4-7 中。

表 4-7 新风系统的设计和优化检测评分表

序号	检测项目	检测内容及要求	配分	学生自检	学生互检	教师检测	得分
1	职业素养	文明礼仪	5				
2		安全纪律	10				
3		行为习惯	5				
4		工作态度	5				
5		团队合作	5				
6	参数计算和管路选配	管路阻力计算	10				
		管路材料和零配件选配	10				
7	管路施工	施工规范合理	20				
8	管路运行数据测试	安全规范	5				
9		正确操作	5				
10		数据整理和测试报告	20				
综合评价			100				

任务反馈

在任务完成过程中，是否存在表 4-8 中所列的问题，了解其产生原因并提出修正措施。

表 4-8 新风系统的设计和优化中出现的误差项目、产生原因及修正措施

存在问题	产生原因	修正措施
管路噪声超过标准或设计要求	管路配置和选材有误	
	管路施工有误	
管路运行参数（压力、流量）不符合设计要求	风机配置有误	

作业习题

在微知库课程学习平台 PC 端完成相关作业习题，或者用微知库 App 扫描右侧二维码完成相关作业。

作业习题

项目小结

与前面几个侧重于商用的项目内容相比，本项目更侧重于家用，对于噪声等舒适度参数的控制要求更高，要求设计和施工人员更加注重设计精度和施工工艺要求。因此，学习者一方面要学习和熟悉关于家用新风系统的相关国家标准，包括噪声标准、空气洁净度标准等，另一方面还要熟悉相关参数的测试设备和方法，并在设计中充分认识到这些参数的重要性，以保证设计出充分满足舒适性要求的新风系统。

附　　录

本书主要符号

符号	含义	单位	符号	含义	单位
A	面积	m^2	p_v	真空度	Pa
c	水击波传播速度	m/s	p_l	压力损失	Pa
c_0	水中声速	m/s	q	体积流量	m^3/s
d	直径	m	q_m	质量流量	kg/s
d_e	当量直径	m	r	半径	m
E	弹性模量	N/m^2	R_m	比摩阻	Pa/m
E_0	水的弹性模量	N/m^2	S_h	液体管道阻抗	s^2/m^5
g	重力加速度	m/s^2	S_p	气体管道阻抗	kg/m^7
h	高度	m	T	切力	N
h_l	水头损失	m	u	速度	m/s
h_f	沿程水头损失	m	V	体积	m^3
h_m	局部水头损失	m	v	平均速度	m/s
Δh	汽蚀余量	m	Z	高度、位置水头	m
h_a	有效汽蚀余量	m	α	热胀系数	1/K
Δh_r	必需汽蚀余量	m		湿润角	(°)
$[\Delta h]$	允许汽蚀余量	m	β	压缩率	m^2/N
H	高度、扬程、压头	m	δ	厚度	m
K	管壁粗糙高度、当量糙粒高度	m	η	效率	
l	长度	m		动力黏度	Pa·s
L	长度	m	η_{tm}	传动效率	
m	质量	kg	λ	沿程阻力系数	
n	转速	r/min	ν	运动黏度	m^2/s
n_s	比转速		ρ	密度	kg/m^3
P	功率	kW	σ	表面张力系数	N/m
p	压力	Pa	τ	切应力	N/m^2
p_b	大气压力	Pa	ζ	局部阻力系数	
p_e	表压力	Pa			

参考文献

[1] 王正伟. 流体机械基础 [M]. 北京：清华大学出版社，2006.
[2] 刘红敏. 流体机械泵与风机 [M]. 上海：上海交通大学出版社，2014.
[3] 周文. 流体机械结构与维护 [M]. 北京：化学工业出版社，2015.
[4] 张颖. 过程流体机械选型方法及应用 [M]. 北京：中国石化出版社，2012.
[5] 余华明. 流体力学及流体机械 [M]. 上海：上海交通大学出版社，2013.
[6] 杨诗成，王喜魁. 泵与风机 [M]. 北京：中国电力出版社，2012.
[7] 邱庆龄. 小型制冷装置检测与维修 [M]. 北京：高等教育出版社，2012.